GNSS 卫星超快速轨道钟差参数精化提升关键技术研究

胡　超　王中元　著

中国矿业大学出版社

·徐州·

内 容 简 介

随着 GNSS 技术的不断发展以及 iGMAS 建设工作的推进,GNSS 轨道精密确定是目前导航定位和位置服务领域研究的热点之一。本书针对 GNSS 超快速轨道产品生成中时效性差、精度低及模型单一等问题,从卫星精密定轨基本原理出发,研究了基于星地几何构型的定轨地面跟踪网布设模型,精细化处理了预报轨道中 ERP 参数,探讨了北斗三代定轨中不同跟踪网融合方法,构建了北斗二代与三代联合处理中系统偏差参数预报模型,建立了机器学习方法在预报轨道钟差产品中应用策略。成果对改善 GNSS 产品快速服务、精化导航定位参数处理模型、提高北斗市场竞争力具有一定参考意义。

本书可供地学领域相关专业科研人员和工程技术人员参考,尤其是卫星导航定位方向的研究生和卫星大地测量学领域的青年学者。

图书在版编目(CIP)数据

GNSS 卫星超快速轨道钟差参数精化提升关键技术研究/胡超,王中元著.—徐州:中国矿业大学出版社,2022.1
ISBN 978-7-5646-5216-6

Ⅰ.①G… Ⅱ.①胡… ②王… Ⅲ.①卫星导航—全定位系统—研究 Ⅳ.①P228.4

中国版本图书馆 CIP 数据核字(2021)第 230513 号

书　　名	GNSS 卫星超快速轨道钟差参数精化提升关键技术研究
著　　者	胡　超　王中元
责任编辑	周　红
出版发行	中国矿业大学出版社有限责任公司
	(江苏省徐州市解放南路　邮编221008)
营销热线	(0516)83884103　83885105
出版服务	(0516)83995789　83884920
网　　址	http://www.cumtp.com　E-mail:cumtpvip@cumtp.com
印　　刷	苏州市古得堡数码印刷有限公司
开　　本	787 mm×960 mm　1/16　印张 10　字数 185 千字
版次印次	2022 年 1 月第 1 版　2022 年 1 月第 1 次印刷
定　　价	58.00 元

(图书出现印装质量问题,本社负责调换)

前　言

　　全球卫星导航系统(GNSS)凭借其全天候、全球覆盖、高精度、连续服务的特点,全球用户可实现三维、高精度的定位、导航与授时服务(PNT),其在国家安全和国民经济建设等诸多领域发挥了举足轻重的作用。卫星轨道作为全球导航服务的核心产品,其对系统的服务能力起到了关键作用。随着北斗卫星导航系统(简称北斗系统)建设工作的不断推进,以及 GNSS 数据处理技术的发展,新卫星、新信号以及新观测信息的引入,从数据处理层面而言增加了冗余信息和高精度基准,可以有效地提高参数解算精度,然而由于北斗系统目前尚处于建设阶段,对观测数据、观测模型以及数据处理策略等的研究尚不充分;高精度、高效率的参数处理与定轨定位服务是当前卫星导航定位领域研究的热点。基于 GNSS 高精度导航定位服务的需求,构建一套高精度、可靠和高效的卫星轨道钟差参数处理策略,是 GNSS 推广应用的必要前提。

　　本书针对分析中心精密轨道确定过程中遇到的问题,研究探讨了定轨的核心模型和数据快速解算模型,分析了 ERP 对超快速预报轨道的影响并对其进行修正,对比了北斗三代不同定轨策略及其参数处理精度,研究系统偏差参数建模与统一处理方法,精化了北斗超快速预报轨道钟差产品,并创新性地引入机器学习方法进行 GNSS 参数建模处理。全书共分 8 章。第 1 章绪论,简要总结了 GNSS 观测数据处理以及卫星精密定轨方法的基本概况和存在的问题;第 2 章阐述了 GNSS 精密定轨基本原理和相应的程序实现;第 3 章提出了一种提高定轨参数处理效率的新方法;第 4 章分析了 ERP

误差对超快速轨道的影响及其修正策略;第 5 章介绍了北斗三代精密定轨中不同跟踪网融合策略;第 6 章介绍了观测数据联合处理中系统偏差参数的建模方法;第 7 章介绍了机器学习方法在超快速预报产品处理中的应用;第 8 章总结了精密定轨中存在的棘手问题和未来需要深入研究的方向。

本书的研究工作得到了江苏省自然科学基金面上项目(BK20181361)、安徽省自然科学基金优青项目(2108085Y20)、安徽理工大学引进人才科研启动基金(13200424)、安徽省自然科学基金青年项目(2108085QD173)、安徽省教育厅自然科学项目(重点项目)(KJ2020A0310)等的资助,在此表示感谢。本书由安徽理工大学空间信息与测绘工程学院胡超撰稿,中国矿业大学环境与测绘学院王中元副教授负责原稿修改与审阅。

由于作者水平有限,书中不妥之处在所难免,恳请广大读者和同行不吝指正。

著　者

2021 年 5 月

目　录

1 绪 论

1.1 研究背景

自美国全球定位系统(GPS)于 1995 年 4 月 27 日开始运营以来,卫星导航技术正经历着前所未有的发展(郭靖,2014)。目前,美国、俄罗斯、中国、日本、印度和欧洲等国都相应地发射了本国的导航卫星。GPS、GLONASS、GALI-LEO 和北斗是当前并存的主要卫星导航系统。其中,北斗卫星导航系统(以下简称北斗系统)是我国自主研发、独立运行的全球卫星导航系统;相较于其他三个导航系统,我国的北斗系统发展较晚,且技术不够成熟。为了加快北斗导航位置服务及相关技术的发展,北斗卫星导航系统的建设与实施正按照"三步走"的发展规划推进:① 20 世纪 90 年代,我国开始了北斗一代的设计与研发工作,并于 2000 年发射了两颗地球同步轨道卫星,这标志着区域性的导航功能的初步实现。② 2003 年成功发射了一颗备份卫星,这标志着北斗导航卫星试验系统的基本组建完成了;我国的第一颗北斗二代卫星于 2007 年发射成功,在两年后持续发射了多颗二代卫星;2012 年 12 月,我国北斗官方正式宣布提供覆盖亚太地区的卫星导航服务(郭靖,2014)。截至 2016 年 1 月,北斗系统共发射 21 颗卫星,其中可跟踪信号的有 15 颗。③ 北斗计划于 2020 年左右完成全部 35 颗卫星的全球导航系统组网工作,包括 5 颗地球静止轨道(GEO)卫星、27 颗中地球轨道(MEO)卫星和 3 颗倾斜地球同步轨道(IGSO)卫星。

为了推动实现北斗系统与其他导航系统之间以及多模多频全球卫星导航系统(GNSS)间的兼容与互操作性,我国政府发起了国际 GNSS 监测评估系统(international GNSS monitoring and assessment system,iGMAS)活动,并搭建了相应的测试、评估、数据存储与产品解算子系统(郭靖,2014)。iGMAS 的主要任务是建立起全球多重覆盖的多模导航卫星实时观测跟踪网,以期能够完成数据的采集、传输、存储、处理分析、监测评估和产品服务等功能的一套科研应用平台,最终目的是为全球 GNSS 用户提供高精度精密轨道、卫星钟差、地球自转参数(earth rotation parameters,ERP)、跟踪站坐标和速率、全球电离层延迟建模和 GNSS 完好性等产品服务,并实现对包括北斗系统在内的全球卫星导航系统的相关参数(如运行状况)进行实时的监测和评估,以提供支持相关卫星导航技术试验和监测评估平台,并服务于相关科学研究(郭靖,2014)。

iGMAS 的建设主要分三个阶段进行,整个大系统计划建设 30 个全球均匀分布的连续跟踪站、3 个数据采集与存储中心、10 个数据处理与分析中心、1 个系统监测与评估中心、1 个产品综合与服务中心、1 个运行控制管理中心和相应的数据传输通信网络。三个阶段分别为:① 2011 年 8 月~2014 年 6 月,初步建立大系统框架,即建设 20 个全球跟踪站和配套的数据中心、分析中心、监测评估中心、产品综合与服务中心和运行控制管理中心;② 2014 年 7 月~2016 年 6 月,完善系统建设,增建 10 个全球跟踪站和相应的配套子系统,并进行升级完善;③ 2016 年 7 月~2020 年 12 月,根据北斗系统信号体制变化,对已建成的数据中心、分析中心、监测评估中心、产品综合与服务中心以及运行控制管理中心进行扩容建设(郭靖,2014)。

目前,iGMAS 已经完成了二期建设任务。整个 iGMAS 系统由 3 个数据中心、13 个分析中心、18 个跟踪站(国内 8 个、海外 8 个,南北极各一个)、1 个产品综合与服务中心、1 个运行控制管理中心和一个监测与评估中心所组成。其中,3 个数据中心分别位于武汉大学、国防科技大学和中国科学院国家授时中心;12 个分析中心分别是中国科学院测量与地球物理研究所(IGG)、武汉大学(WHU)、中国科学院上海天文台(SHA)、西安卫星测控中心(XSC)、长安大学(CHD)、北京空间信息中继传输技术研究中心(TAC)、中国测绘科学研究院(CGS)、解放军信息工程大学(LSN)、西安测绘研究所(XRS)、中国矿业大学(CUM)、北京航天飞行控制中心(BAC)和中国科学院国家授时中心(NTS);产品运行控制管理中心位于西安测绘研究所;产品综合与服务中心位于北京(http://124.205.50.178/)。

随着国内 iGMAS 大系统的推进和 GNSS 技术的不断发展,多频多模全球卫星导航系统正面临着前所未有的蓬勃发展,新一代全球卫星导航系统将极大地促进相关科学研究及应用的发展。其中,MGEX(multi-GNSS experment)于 2012 年由 IGS 多模 GNSS 工作组提出,最终目标是提供高精度多模 GNSS 卫星轨道、钟差、ERP 和 DCB 等产品。但是,随着多频多模多卫星导航系统的出现,卫星星座构成相较于单系统更为复杂,要提供统一时空基准下的 GNSS 精密轨道和钟差产品,必须深入分析研究不同卫星导航系统的各自特性。

全球卫星导航系统凭借其全天候、连续服务的特点,用户可获得三维、高精度定位、导航与授时服务(PNT),其在国家安全和国民经济建设等诸多领域发挥了举足轻重的作用;北斗系统作为我国拥有自主知识产权与独立建设的卫星导航系统,在保障国家安全、维护国家利益、推动国民经济发展、提升科技水平等方面发挥着重要作用(刘伟平,2014)。北斗卫星导航系统按照"先试验、后区域、再全球"三步走策略稳步推进系统建设(Xu et al.,2013),即北斗卫星导航试验系统(BDS-1)、北斗区域服务系统(BDS-2)、北斗全球服务系统(BDS-3)(Xu et al.,2013;Fliegel et al.,1992)。2000 年,北斗卫星导航试验系统(BDS-1)顺利建成,使我国成为继美国、俄罗斯之后世界第三个拥有完全自主卫星导航系统的国家;2012 年 12 月,BDS-2 宣布提供覆盖亚太区域的无源 PNT 服务;2015 年 3 月,第 1 颗北斗全球组网试验卫星(BDS-3s)成功发射,标志着 BDS-3 建设正式拉开帷幕;2018 年 12 月,BDS-3 组网基本系统建成,并宣布提供全球范围内的 PNT 服务(http://www.beidou.gov.cn);2019 年 12 月,BDS-3 全球系统核心星座部署完成,并对 BDS-3 服务一周年各项性能指标进行了分析。当前,包括超过 40 颗北斗卫星星座(4 BDS-3s、15 BDS-2、25 BDS-3)(http://www.csno-tarc.cn)、80 颗 GNSS 卫星(31 GPS、26 GALILEO、27 GLONASS)共同为全球用户提供高精度 PNT 服务。BDS-3 于 2020 年 6 月实现 30 颗工作卫星组网(3 GEO、3 IGSO、24 MEO),真正实现北斗全球服务(Ziebart et al.,2001)。北斗卫星作为北斗系统空间端的主要组成部分是整个系统的重要空间与时间基准,其精度直接影响系统的服务能力,实现北斗卫星高精度数据处理被视为北斗卫星系统建设的主要目标之一。

卫星轨道作为全球导航服务的核心产品,其对系统的服务能力起到了关键作用(Colombo,1989)。自 1994 年 IGS 成立以来,由近 10 个分析中心组成的产品服务机构可提供事后分别优于 2.5 cm 和 3.0 cm 的 GPS 与 GLONASS 精密轨道。北斗卫星导航系统自建设以来一直是国内外 GNSS 领域研究的热点,并且北斗卫星导航系统的卫星轨道估计模型精化研究更是研究热点。受地面跟踪站分布以及数据处理模型的限制,早期北斗定轨精度处于分米级(Beutler et al.,1996);随着 2012 年开始的 MGEX 项目的推动,截至 2019 年 12 月,包括约 140 个多系统跟踪站,为多系统定轨、电离层解算提供了宝贵的数据源。评估表明，BDS-2 的 MEO/IGSO 和 GEO 一天重叠弧段不符值分别由 0.5 m 和 3.0 m 提升至优于 0.2 m 与 1.0 m(Springer et al.，1999；Steigenberger et al.，2013)；而 BDS-3s 轨道重叠弧段径向与切向分别由 10.0 cm 和 25.0 cm 提升至 3.7 cm 与 7.9 cm(Cui et al.，2014；Liu et al.，2014)。但是，相较于 GPS 等其他成熟的 GNSS 系统，北斗系统轨道与钟差等产品仍存在较大的提升空间；卫星作为系统的主要空间基准，其轨道产品测定精度对整个系统的 PNT 性能具有决定性影响，实现轨道产品精化处理对推动北斗系统的创新应用具有重要意义。

区别于卫星轨道产品，星载原子钟是导航卫星最重要的载荷，其为定轨与导航定位服务提供了时间基准，被誉为 GNSS 卫星的"心脏"。因此卫星钟差估计及预报模型研究一直是国内外 GNSS 领域的研究热点。精密钟差产品是 GNSS 高精度应用的前提。目前，MGEX 分析中心、iGMAS 及其分析中心连续不断向 GNSS 用户提供六类不同精度以及时延的钟差产品(Zhu et al.，2013)，即广播星历，最终、快速、超快速观测，超快速预报以及实时钟差产品。以实时或近实时用户为例，为实现实时 PPP 厘米级定位需求，星载原子钟频率稳定性是一项至关重要的性能指标(Guo et al.，2013)，BDS-2 星载原子钟稳定性为 10^{-14}，较采用被动氢原子钟的 GALILEO 短期稳定性存在明显差距(Steigenberger et al.，2015；Kouba，2019)。考虑钟差产品的精度与时效性，超快速钟差成为厘米级定位服务中关键参数(Huang et al.，2018)。目前，IGS 发布的 GPS 超快速钟差观测部分(IGU-O)与预报部分(IGU-P)精度分别为 150 ps 与 3 ns (https://igs.org/)；而 iGMAS 发布的北斗超快速钟差观测与预报部分精度则为 0.6 ns 与 6 ns(https://www.igmas.org/)。相较于 GPS 等成熟的系统，北斗超快速钟差预报与观测部分精度中位数则为 0.6~1.5 ns 与 2.5~4.5 ns。这样的预报钟差精度是无法满足高精度实时导航定位服务的(Huang et al.，2018)。针对北斗原子钟的评估、估计与建模仍存在诸多问题，如原子钟时变特性、星间相关性对建模精度的影响等。精化北斗卫星钟差模型，完善北斗星载原子钟差处理策略，为实现我国北斗系统高性能服务提供参考、提高其估计及预报精度势在必行。

在 BDS-2 卫星基础上，新一代北斗系统 BDS-3 卫星搭载了稳定性高一个量级的原子钟(Zhao et al.，2017)，日稳定性有望达到 10^{-16} 量级(谭述森，2017)；星间配备了链路观测数据，结果显示增加星间观测量可以有效地改善定轨与定位精度(陈金平 等，2016；杨宇飞 等，2019；Yang et al.，2020)；更新了信号体制，在 BDS-2 卫星 B1I/B3I 的基础上增加了 B1C/B2a，分析表明 BDS-3 信号质量明显提高(Zhang et al.，2017；Zhang et al.，2018)，且未来 BDS-3 全球定位精度将达到 1.3～2.7 m(杨元喜 等，2018)。毫无疑问，这些技术优势为北斗系统服务能力提供了巨大的提升潜力；然而，同时也对卫星观测数据高精度处理提出了新挑战。

多频观测数据、新卫星与新技术的应用，一方面理论上可以有效地提高定位服务与定轨精度(Zhang et al.，2018)，另一方面由于尚未充分研究各类观测数据特性，系统间、系统内不可避免地引入了多种偏差参数，如差分码偏差(Li et al.，2018)、系统偏差(胡超 等，2021)等。当前，BDS-2、BDS-3、GNSS 间观测数据深度融合与兼容互操作，是实现全球高精度服务的必要前提之一(杨元喜 等，2016)。现有研究已证实 BDS-2 三类卫星的载波相位观测值之间存在明显的系统性偏差，若不对该偏差进行估计或改正，将严重影响整周模糊度固定成功率，进而导致定位或定轨精度下降(Nadarajah et al.，2013)。然而联合数据处理中对各类偏差参数定义、估计模型及其特性尚未充分探究，尤其是 BDS-3 新频率与新信号，因此，合理地构建偏差参数函数与随机模型，探讨各类偏差与定轨、定位之间的相关性，实现联合解算深度融合与参数增强，对联合处理具有重要意义。

BDS-3 卫星采用了更多新技术(Zhao et al.，2017；陈金平 等，2016)，但对于如何充分挖掘这些新技术优势，提高北斗系统整体星座卫星产品精度还缺乏全面深入的研究。基于轨道钟差产品的相关性，通过施加合理的约束条件，可提高相关参数解算精度(Qing et al.，2017)；对高精度预报钟差约束，构建虚拟观测方程，实现轨道异常情况下产品的平稳解算(Dai et al.，2019)；同时，通过提取钟差参数之间相关性系数，优化钟差预报随机模型，实现 BDS-2/BDS-3 钟差联合预报(Hu et al.，2019；Wang et al.，2019)。然而，当前北斗卫星的服务性能相较于 GPS 还有较大差距，且 BDS-2 卫星的定轨精度还远达不到 iGMAS 系统第三阶段建设的性能指标要求(轨道：5 cm，钟差：0.1 ns)。因此，在未来一段时间内 BDS-2 与 BDS-3 卫星共同服务的前提下，利用 BDS-3 卫星的新技术优势，通过联合数据处理精化北斗卫星轨道钟差产品是十分有意义的。

卫星钟差预报作为实时或近实时用户的钟差产品，其在 GNSS 全球快速服务中起到重要作用。自 2000 年开始，IGS 在钟差模型中引入了一个周期项。黄观文等建议在钟差建模中引入多个周期项(Huang et al.，2014)。对已有的卫星钟差预报模型进行总结，主要包括多项式模型、灰色系统模型、附有周期项的多项式模型、时间序列模型、Kalman 滤波模型、小波神经网络模型、径向基函数神经网络模型、支持向量机预报模型、综合多种单一模型的组合预报模型以及改进模型（Huang et al.，2014）。考虑 BDS-3 配备了更加稳定的星载原子，充分挖掘高性能原子钟特性与增强钟差预报模型参数解算，实现钟差短期高精度建模与预报将是推广产品应用的关键之一。并且预报轨道同样作为实时或近实时用户重要的输入参数，如何实现轨道高精度预报是精密定轨另一个重要的研究内容。通过评估可知，GPS 超快速预报轨道 6 h 和 24 h 的三维均方根误差分别达到 41.7 mm 与 80.2 mm；其与最终产品精度有明显差距，无法充分满足高精度 GNSS 用户的需求。为提高超快速轨道精度，学者们从预报策略（Choi et al.，2013）、最优弧段长度（Li et al.，2015）、预报时间间隔（Stacey et al.，2011）和地球自转参数（ERP）误差影响（Wang et al.，2017）等方面对超快速预报轨道进行了精化。当前，针对超快速预报已经有了一定的研究基础，然而需要指出的是，新一代 BDS-3 轨道力学模型较 BDS-2 发生了改变，为提升系统服务能力，有必要对北斗以及 GNSS 轨道预报做深入研究。

综合利用多地面跟踪站网进行北斗联合数据处理不仅可显著增加卫星的可观测性，增强卫星的观测几何结构强度，而且还可以提高测站坐标、对流层延迟、ERP 等公共参数的解算精度，增强卫星数据产品的自洽性与一致性。但同时也增加了数据处理负担，影响了产品生成效率，尤其是对时效性要求较高的任务，如超快速或实时卫星产品生成。将传统串行数据处理模式改为分布式处理模式，充分利用计算机资源；减少未知参数数量，提高数据处理效率（陈俊平等，2014）；消除法方程中冗余过程参数与分段参数来减少法方程维数（Ge et al.，2006）；将相位观测值转换为距离观测值，以减少大网数据处理中整周模糊度参数个数（Chen et al.，2014）。上述诸多数据处理策略可以有效地提高参数解算效率，但是随着 GNSS 技术的不断发展，全球用户对产品解算精度与时效性等要求逐渐提高，如何实现北斗卫星产品高精度解算与快速服务是当前必须深入研究的问题之一。

综上所述，随着北斗系统建设工作的不断推进，以及 GNSS 数据处理技术的发展，新卫星、新信号以及新观测信息的引入，从数据处理层面而言增加了冗余信息和高精度基准，可以有效地提高参数解算精度，然而由于北斗系统目前尚处于建设阶段，对观测数据、观测模型以及数据处理策略等研究尚未开展。高精度、高效率的参数处理与定轨定位服务是当前卫星导航定位领域研究的热点。因此，基于北斗高精度导航定位服务的需求，构建一套高精度、可靠和高效的 BDS-2/BDS-3 轨道钟差参数联合处理策略，是北斗系统推广应用的必要前提。当前,深入研究多卫星系统精确轨道确定以及系统之间的有机融合定轨,对 iGMAS 的建设与发展具有积极的推动作用。同时,进一步完善北斗系统精密定轨理论体系,不断提高北斗卫星精密轨道精度,对促进北斗系统建设、发展和拓展,多系统精密轨道产品的实现具有十分重要的意义(Teunissen et al.,2017)。

1.2 GNSS 定轨研究现状

导航卫星精密定轨是在利用卫星所播发的多频伪距和载波相位观测值进行各种误差改正的基础上,结合卫星姿态和轨道动力学模型,通过采用特定的数据处理方法确定其精确轨道的过程。经过近半个世纪的发展,轨道相关理论与方法已经相当成熟。下面就 GNSS 精密定轨国内外研究现状进行总结。

1.2.1 导航卫星光压模型研究现状

由于导航卫星轨道较高,太阳光压是导航卫星轨道的主要摄动力之一,国外学者对导航卫星的光压模型进行了大量细致且深入的研究。其主要思路如下:① 基于不同类型卫星星体结构建模,建立相对应的物理太阳光压模型(Fliegel et al.,1992),如:早期的 ROCK4 和 ROCK42 模型,其主要是通过分析和计算卫星圆柱体表面所受光压,并用数学方法将其展开为傅立叶级数形式;同时,Fliegel 等建立的 T10 和 T20 模型主要是对 ROCK 模型进行了热辐射相关修正,随后利用同样的方法建立了 T30 模型。近年,Ziebart 等通过精化 GPS 和 GLONASS 卫星的三维立体结构建立了精度更高的物理模型,即 UCL 光压模型,该模型主要是通过计算星体每个部件所受到的光压力而得到的。② 与物理模型相对应的则是目前广泛应用的经验模型,其主要是通过长期连续的卫星观测数据建模,如:Colombo 等发现了 GPS 卫星轨道主要摄动频率 CPR(cycle per revolution)的相关规律,并使用力学参数作为吸收卫星摄动力误差的补偿;Beutler 基于前人的研究提出了一种全新的光压经验模型(CODE),该模型建立在 DYB 坐标系下(D 表示卫星至太阳方向,Y 表示星固坐标系 Y 轴,B 垂直于 D 和 Y 构成右手坐标系),每个分量都是轨道面内卫星相对于升交点角的傅立叶级数的展开形式;Springer 通过改进原有的 CODE 模型,研制出了精度更高的 ECOM(extend CODE orbit model)模型,该模型也是建立在 DYB 坐标系下,不同的是模型将太阳光压周期性摄动影响引入 DYB 和 XZ 方向,并且该模型考虑了太阳的轨道面高度角与轨道面内卫星的轨道角。以上是普遍采用的光压模型建模方法,但是需要注意的是其主要针对 GPS 的建立和精化。

对于北斗光压模型研究方面,Steigenberger 通过实验分析了不同的 ECOM 参数对北斗 MEO/IGSO 定轨精度的影响,同时对 GEO 卫星设置一个 SRP(solar rotation parameters)参数进行了实验分析;崔红正利用 ECOM 5 参数对北斗 SRP 摄动加速度进行建模;Liu 等用 ECOM 9 参数计算了北斗轨道。以上研究计算出的北斗重叠弧段 RMS 都在 10~20 cm 数量级。Zhu 用 box-wing 作为先验值,并用 ECOM 9 参数模型估计了北斗轨道。郭靖研究了偏航模式下的北斗 IGSO 太阳光压模型(Guo et al.,2013)。通过众多学者的研究论证可知 ECOM 5 参数模型优于 ECOM 9 参数模型(Zhao et al.,2013)。这些研究只是验证 ECOM 模型对北斗的适用性,但并未提出适用于不同卫星的具体光压模型。

对于定轨动力学模型的研究,不仅能够提高轨道解算精度,同时有助于消除和减弱导航卫星预报轨道中的未知误差,这对于后者具有十分重要的意义。在超快速轨道解算过程中,导航卫星轨道预报精度受限于力学模型精度,直接表现为随着定轨弧长增加轨道发散。Choi 等对 IGU 预报轨道弧长进行了分析,实验表明当轨道弧长在 40~45 h,利用 ECOM 9 参数的轨道预报精度最高(Choi et al.,2013)。李一鹤等也做了具体分析,其研究内容还包括实时卫星钟差和 UPD 参数等,得到当定轨弧段为 42~48 h 时轨道预报精度最高,38 h 左右弧长的钟差精度最高的结论(Li et al.,2015)。同样,需要指出的是上述研究主要针对整个 GPS 单星座,理论上对北斗的适用性有待进一步验证。

1.2.2 GNSS 精密定轨时效性提升方法研究现状

在导航数据处理中,接收机钟差、卫星钟差、天顶对流层延迟以及模糊度等参数的存在导致法方程维数过大,从而显著降低数据处理效率,并且数据处理时间随卫星和测站数目等变化近似呈指数变化。GNSS 地面跟踪站的分布对卫星轨道、钟差及地球自转等参数的精度与时效性有重要影响(D'Amario et al.,1992;Wang et al.,2013),而随着 GNSS 技术在导航定位应用领域的不断拓展,高精度的导航定位对轨道、钟差、对流层、电离层、测站坐标以及 ERP 等产品(快速与超快速)有严格的精度和时效性要求,这对 GNSS 分析中心的数据处理能力提出了巨大挑战。为了提高数据解算效率,德国地学中心的葛茂荣等提出了利用"参数消除"法降低法方程维度以提高数据处理能力(Chen et al.,

2014)，该方法主要通过矩阵初等变化消去参数计算过程中随历元变化的过程参数，但对于海量数据处理，参数之间的相关性以及模糊度等参数个数不断增加的问题仍然无法完全解决。现有的提高数据处理效率的方法主要有：提高数据采样间隔和产品解算间隔、缩小待求参数维数、用固定后的模糊度参数组成无模糊度的观测数据回代模型函数进行运算。通过实验发现，提高数据处理时间间隔会对产品解算精度有一定的影响(Chen et al.，2013)。陈华则通过固定非差模糊度参数，将固定后的模糊度参数代入相位观测值，将其转换为无模糊度的距离观测值以减少整个数据处理过程中的参数个数，从而有效地提高了参数解算效率。需要指出的是该方法需要首先固定轨道、钟差参数解算系统中未校正的硬件延迟才能有效地对非差模糊度进行固定，所以该方法仍无法减少轨道和钟差等参数的解算时间。

　　当前全球 GNSS 跟踪站分布极不均匀，局部地区密集的跟踪站(如欧洲)将会导致大量数据冗余。目前，对于 GNSS 跟踪站的分布优化已有少量研究，如GPS 跟踪站全球优化设计理论已得到广泛应用。地面两个跟踪站分布的基线距离越长，其确定的卫星轨道精度也就越高(Chen et al.，2013；Cannon et al.，1992)，这对目前地面跟踪站选择有一定的参考价值。王解先指出全球均匀分布 15～20 个跟踪站即可满足定轨精度的要求(王解先，1997)，但随着 GNSS 卫星数目的不断增加，此测站数目已不能满足精密定轨的要求。Dvorkin 研究了GLONASS 跟踪站分布(Dvorkin et al.，2013)，指出在 10 个跟踪站定出 GLO-NASS 轨道的基础上增加 11 个跟踪站，卫星轨道精度可提高 4 倍左右，但当跟踪站数量提高了 30% 时，其精度只提高了 0.1%。文援兰利用国内的 8 个跟踪站确定了北斗轨道，并且指出增加一个海外站(澳大利亚)时，轨道精度会明显提高(文援兰 等，2007)。这些研究只是数据实验，大都为仿真实验，并未考虑时效性与轨道精度之间的关系。同时，对于海量数据的处理策略，上海天文台陈俊平提出了增加数据采样间隔的数据处理策略，在提高运算效率的同时而不明显损失轨道等产品精度(Chen et al.，2016)，但通过增大采样间隔并不能保证各分析中心之间产品的统一性。葛茂荣等提出通过固定整周模糊度以提高运算效率，这种策略在分析中心已经得到运用(Ge et al.，2005)。

1.2.3　ERP 对超快速轨道预报影响研究现状

　　GNSS 数据处理与分析中心作为导航定位服务产品生成单位，主要任务是向高精度 GNSS 用户和产品综合中心不间断地提供最终、快速和超快速精密产品,其中快速和最终轨道产品可基于地面跟踪站和力学摄动模型对轨道进行改进;但是,对于超快速轨道用户以及实时用户而言,轨道预报部分精度对于导航定位起至关重要的作用。目前,iGMAS 产品综合中心发布的超快速精密轨道预报部分精度要求分别为 50 cm(MEO/IGSO)和 1 000 cm(GEO),这对高精度精密星历用户来说远远不够;超快速轨道预报精度受整个预报过程影响,如摄动力学模型不够精化和系统参数设置不合理等。罗志才等指出影响卫星动力学定轨的保守力可以通过力学模型精确确定,而非保守力则难以精确获得,但其未深入分析各力学模型误差(罗志才 等,2009)。柳文明等通过实验分析了EOP 预报误差对导航卫星轨道预报的影响,并指出 UT1-UTC 预报误差引起的轨道误差大于极移方向引起的轨道误差,其主要通过具体实验得出相关结论,并未从理论具体分析 EOP 误差对轨道预报的影响规律(柳文明 等,2009)。张卫星研究了 EOP 预报误差对卫星自主定轨的影响,其同样也是基于现有数据进行分析的(张卫星 等,2011)。何妙福指出,ERP 误差对海潮和固体潮摄动改正是通过地球非球形引力模型的带谐项和球谐项影响卫星轨道的(何妙福,1983);YE 等研究了 ERP 误差对北斗不同类型卫星轨道的影响,其同样得出UT1-UTC 误差对轨道预报的影响最大(Ye et al. ,2015)。李征航针对导航卫星自主定轨过程中 ERP 误差,推导了其对卫星自主定轨影响的表达式,并对卫星轨道进行修正,但其轨道修正值是在已知 ERP 误差情况下计算得到的,算法存在一定的局限性(李征航 等,2011)。Kevin 分析了 IGS 超快速轨道预报模型,同时指出 ERP 预报误差中 UT1-UTC 误差为主要误差源,主要影响轨道绕Z 轴的旋转分量,但未对其作出进一步分析。Morabito 提到了 ERP 在轨道坐标转换过程中对轨道的影响,指出 UT1-UTC 引起的轨道误差是极移方向的5～6倍(Morabito et al. ,1988)。Dick 指出 UT1-UTC 一天的预报误差为0. 126 ms,其在赤道附近引起的卫星位置误差约为 16 mm(Dick et al. ,2004)。Simon 对 IERS 的 ERP 极移 X 方向精度作了分析,可以近似认为其一天内的预报误差与时间成线性变化(Lutz,2006)。Kouba 研究了潮汐引起的 ERP 误差及其对卫星轨道的影响,同时给出了相应的误差公式,但并未研究预报 ERP 误差对轨道的影响(Kouba,2002)。

1. 2. 4 多频多模 GNSS 精密定轨现状

在国内,轨道理论研究重点是在地面跟踪站数据基础上的 GPS 卫星精密定轨(赵齐乐,2004)。随着我国北斗系统的大力推动和 iGMAS 的不断建设完善以及国际多模导航卫星系统技术的不断发展,GNSS 精密定轨相关研究正大量出现。当前国内从事定轨技术研究的主要包括武汉大学在内的 13 家单位和机构,各单位都相应地建设了自己的数据处理与分析中心。当前 iGMAS 发布了 3 类不同精度和时延的 GNSS 轨道和钟差产品以满足不同用户的需求。对于 GNSS 轨道确定过程中的各种动力学模型的精化和误差改正模型的完善以及全球跟踪网的不断加密,GNSS 定轨技术正不断地向前推进。

多模 GNSS 精密定轨的研究已大范围展开,国内李敏、何丽娜和 iGMAS 各分析中心都做了具有代表性的研究(李敏,2011;何丽娜,2013)。随着国内 iG-MAS 的推动,国内各分析中心都基于自己的定轨软件,不间断地向综合中心提交解算出的钟差、轨道和 ERP 等产品。然而由于各分析中心之间解算策略的差异,产品精度之间存在系统误差。He 指出了不同的解算策略对北斗轨道的影响,其通过比较 GEO 卫星模糊度固定前后的轨道精度,得出 GEO 卫星模糊度固定后轨道精度会降低(He et al. ,2013)。同时,楼益栋通过比较不同弧长的轨道,得出了北斗的定轨最佳弧长(楼益栋 等,2016)。这些主要是针对北斗精密轨道精度不高的现状展开的策略研究。但是,目前对于多卫星融合定轨还没有确定的解算策略,尤其随着新卫星定轨任务的要求,研究最佳的定轨解算策略是必须开展的工作之一。

1.3 GNSS 轨道钟差处理现状

随着北斗系统建设工作的不断推进,以及 GNSS 数据处理技术的发展,高精度、高效率的参数处理与定位服务是当前卫星导航定位领域研究的热点。本节从北斗系统建设与定轨技术、轨道与钟差产品精化研究等方面进行了总结与分析。

1.3.1 北斗卫星导航系统建设与发展

由于技术以及政策等原因,北斗卫星导航系统按照"先试验、后区域、再全球"的策略稳步推进;每一发展阶段的任务重点以及技术特点各不相同,国内外学者针对北斗系统的不同发展阶段进行了大量的阶段性研究,尤其是北斗卫星精密轨道与钟差产品的相关研究。

1.3.1.1 BDS-1 卫星精密数据处理

BDS-1 卫星导航系统主要由 3 颗 GEO 卫星组成,由于 BDS-1 主要利用有源信号服务,所以普通用户无法获得相关观测数据。北斗系统发展早期对于 BDS-1 卫星的研究较少,由于 BDS-1 空间部分主要由 GEO 卫星组成,下面主要针对 GEO 卫星的空间特点(静止、机动),从 GEO 精密卫星定轨技术、空间轨道维持以及 GEO 卫星力学模型精化等方面进行介绍。

(1) GEO 卫星空间几何构型精化方法研究

由于 GEO 卫星的空间相对静止以及高轨等特点,其与地面跟踪网组成的空间几何构型较差,无法实现 GEO 卫星轨道的精确测定,针对这个问题国内外学者主要采用了三种优化方法:① 利用额外的观测技术,比如联合甚长基线干涉、激光以及 CCD 等观测数据进行精密轨道确定;② 利用星载接收机观测数据实现卫星轨道增强,如采用中、高、低轨联合定轨技术,中轨卫星增强等;③ 采用多种技术星地、星间联合精密定轨(Lichten et al.,1997;刘林 等,1994;Beutler et al.,2006;Guo et al.,2010;Huang et al.,2011)。为了实现 GEO 卫星轨道的增强,欧吉坤研究员基于 GEO 卫星轨道空间参数时变特性,提出了一种基于投影法的卫星轨道增强方法,将预报的轨道参数作为虚拟观测方程实现了 GEO 卫星的轨道优化处理(欧吉坤 等,2007)。同时,葛海波博士仿真了 MEO 卫星星载观测数据,并实现 GEO 卫星轨道的增强,实验结果表明 GEO 卫星轨道得到了明显的改善,特别是轨道切向精度提升率可以达到 51%(Ge et al.,2017)。

(2) GEO 卫星轨道钟差参数强相关处理方法研究

如上所述,GEO 卫星的高轨、静止等特点不仅限制了精密定轨时的几何构型,而且会导致轨道、钟差等参数之间存在强相关。为实现轨道钟差参数降相关处理,李志刚利用转发器式定轨策略实现了 GEO 卫星轨道的测定(李志刚 等,2016),实验结果表明,GEO 卫星伪距观测值测定精度得到了大幅度提升(优于 1 cm),同时实现了时间同步与精密定轨的分离,降低了星载原子钟对精密定轨的影响。需要注意的是,上述方法的前提需要对设备的时延进行高精度的校正,同时利用 C 波段观测数据进行导航处理,相较于北斗的 L 波段观测数据体制存在较大的差异。而郭睿则组合了上述两种精密定轨方式实现了 GEO 卫星的定轨处理,有效地克服了地面跟踪站分布限制,明显提高了轨道与钟差产品的精度与一致性(郭睿 等,2010)。

(3) GEO 卫星轨道快速恢复方法研究

由于空间几何构型较差以及高轨的特点,GEO 卫星必须通过多次机动处理实现轨道的空间控制(中轨卫星平均 2 次/年,GEO 卫星平均 25 天/次)。为克服 GEO 卫星频繁机动而带来的轨道精度降低的问题,学者们从轨道快速恢复策略着手进行了系统性的研究处理。杜兰教授总结分析了 GEO 卫星轨道机动前后的变化规律,对不同的轨道快速恢复策略进行了对比分析,分别提出了构建先验测距偏差、约束轨道参数模型、优化定权策略以实现 GEO 卫星短弧段精密定轨方法的精化处理(杜兰,2006)。在观测数据足够条件下,基于自适应抗差算法,通过几何定轨实现轨道参数的精度维持,而在观测数据不足条件下,则基于动力学定轨实现轨道精度维持(杨元喜 等,2003)。同时,杨旭海则将基于较长弧段观测数据估计的力学模型参数、偏差参数等作为约束条件,解算机动后短弧段的六个轨道根数,间接地降低未知数数目,实现 GEO 卫星的精密定轨与高精度预报(杨旭海 等,2008)。而郭睿则通过约束钟差参数与力学模型参数实现了 GEO 卫星的快速精密定轨过程,该方法首先利用星地双向传递进行钟差参数的准确测定,其次基于动力学参数稳定的特性,利用机动时刻前的力学参数建立约束方程,实现了参数间降相关与减少位置参数等处理,有效地提高机动后轨道精度的维持(郭睿 等,2017);同时,基于拟合的动力学参数,提出了一种九参数星历拟合策略,降低未知参数个数(郭睿 等,2017)。

通过上述分析,针对 GEO 卫星精密定轨的研究已经积累一定的基础;但是,相对于北斗其他卫星(MEO/IGSO),相应的轨道精度仍存在明显差距。基于 GEO 卫星发展现状,其问题存在的主要原因是:① 卫星的轨道特点限制了 GEO 精密定轨精度,如空间构型、机动等;② 卫星力学模型与几何模型精度较低,限制了精密定轨中动力学参数的精确建模处理;③ 当前精密定轨主要基于星地观测数据。测站分布以及观测数据质量很大程度上限制了 GEO 卫星精密定轨精度。由于 GEO 作为北斗系统的主要组成部分之一,有必要对其轨道精度做进一步研究处理。

1.3.1.2　BDS-2 卫星精密数据处理

自 2007 年第一颗 BDS-2 卫星发射开始,针对 BDS-2 卫星精密定轨技术的研究也相继成为导航定位领域的研究热点。Greilier 针对 BDS-2 的 M1 卫星信号特点与质量进行了详细的分析(Greilier et al.,2007)。同时,耿涛基于全球 SLR 观测数据实现了 BDS-2 的 M1 卫星轨道精度分析,实验结果表明在弧段长度为 19 天的条件下,卫星轨道三维均方根误差(3D RMS)为 2.28 m(耿涛,2009)。而 Hauschild 联合 16 个 SLR 跟踪站与 2 个 IGS 监测站,进行 M1 卫星轨道钟差参数估计。相应的实验结果表明,基于七天弧段观测数据可获得轨道精度 3D RMS 优于 0.5 m 的测定精度;在钟差方面,相对于 GPS,卫星钟差平均偏差约为 100 ms、钟漂为 −0.26 ns/s,而钟差高频部分则达到 −16~12 m,这将会严重影响北斗卫星导航系统的服务性能（Hauschild et al. ,2012）。

从 2009 年开始，BDS-2 系统的建设工作进一步加快。至 2012 年 12 月，BDS-2 卫星系统完成组网，系统空间部分主要由 5 颗 GEO 卫星、5 颗 IGSO 卫星、4 颗 MEO 卫星组成。而系统的地面部分进一步得到了完善处理，主要包括 IGS、MGEX 跟踪网的不断拓展；至 2014 年，MGEX 跟踪网已拥有 102 个全球多系统跟踪站，其中约 52 个跟踪站可跟踪北斗卫星信号（Montenbruck et al. ，2014）。由我国发起的 iGMAS 系统，计划实现全球范围内布设 30 个多系统跟踪站，截至 2020 年 1 月已建立了 24 个跟踪站，并已组建完成了由 1 个监测评估中心、1 个运行控制管理中心、1 个产品综合与服务中心、3 个数据中心和 12 个分析中心组成的大系统，用于导航卫星系统与服务指标监测评估，并生成高精度数据、卫星产品以支持卫星导航技术测试与试验，服务科学研究与工程应用（焦文海 等,2014）。而武汉大学为开展北斗相关研究，建立了一套北斗跟踪网 BETS，该跟踪网主要包括 6 个国外站和 9 个国内站（施闯 等,2012;Lou et al. ,2014）。

随着 BDS-2 系统空间部分组网的完成，利用多源观测数据进行 BDS-2 卫星精密定轨技术的研究也不断完善。虽然相较于 BDS-1 卫星（GEO），BDS-2 卫星在轨道产品精度、观测数据质量以及服务性能等方面都有了明显的提升，但是仍存在诸多需要进一步精化处理的问题。为提升 BDS-2 卫星定轨精度，相关研究主要对以下几个问题进行了处理：① 跟踪网限制条件下，北斗卫星精密定轨技术研究；② 卫星力学模型与几何模型精化处理，如光压模型、偏航姿态模型等；③ 多源异构星座联合定轨，如 GEO/IGSO/MEO 联合定轨与增强策略；④ 联合其他 GNSS 系统进行精密定轨，实现北斗卫星轨道参数增强处理；⑤ 多卫星导航系统联合精密定轨的冗余观测数据高效处理策略。具体如下：

（1）利用区域跟踪网的 BDS-2 卫星精密定轨研究

由于技术以及政治等原因，可接收北斗卫星信号的跟踪站有限且分布极不均匀，特别是缺少境外监测站，周善石针对该问题进行了全面的研究。首先，考虑基于区域跟踪网的观测条件较差的问题导致力学模型参数求解精度较低，指出通过精确估计太阳光压模型参数，实现精密定轨中光压模型参数的约束处理，间接地提高了基于区域跟踪网的力学模型参数和轨道参数求解精度（周善石,2011）；若同时估计力学模型与光压参数，会明显降低光压参数的解算精度，而通过分步解算并构建合理的约束方程，可有效地解决上述问题。另外，对基于低轨卫星星载观测数据增强的方法克服北斗地面跟踪站的限制也进行了初步探讨,如赵齐乐教授基于我国 FY-3C 卫星的星载观测数据实现了 BDS-2 卫星精密定轨处理,同时分析了星载观测数据对北斗卫星的增强作用。实验结果表明,基于 15 个区域跟踪站与一颗 FY-3C 卫星观测数据,BDS-2 的 GEO、IG-SO、MEO 卫星精密定轨精度分别从 354.3 cm、22.7 cm、20.9 cm 提高至 63.1 cm、20 cm、16.7 cm(Zhao et al.,2017)。何丽娜对比分析了不同地面跟踪站分布条件对北斗卫星精密定轨的影响,实验结果表明:在经度方向增加跟踪站可实现 GEO 卫星轨道精度的有效提升,而在纬度方向增加跟踪站可明显提高 IG-SO 精密定轨精度,当加入 MEO 卫星进行联合精密定轨时可实现星地观测数据中模糊度参数的固定率提升(He et al.,2013)。

(2) BDS-2 卫星精密定轨力学模型精化方法研究

为实现 BDS-2 卫星精密定轨,构建高精度力学模型是必要的前提,郭靖针对姿态、光压以及天线相位中心模型进行了系统的研究与实验分析,相关结论表明,当卫星轨道角为 90°且太阳高度角绝对值小于等于 4°时,北斗的 MEO 卫星与 IGSO 卫星姿态模式由动偏转为零偏,而当太阳高度角绝对值大于 4°时,则由零偏切换为动偏(Guo et al.,2013;Guo et al.,2010;Guo et al.,2016);并基于 Box-wing 卫星模型,利用 5 参数 CODE 模型,通过引入一个切向加速度常量参数可有效提升卫星姿态切换期间轨道精度(Guo et al.,2016)。Dilssner 提出了一种新的 BDS-2 卫星天线相位中心修正模型,通过该模型可提高北斗 MEO 卫星精密定轨,3D RMS 达 39%,轨道切向精度则提升 50%以上(Dilss-ner et al.,2014)。Steigenberger 基于 6 个 GNSS 跟踪站观测数据分析了 BDS-2 卫星精密定轨精度,结果显示轨道精度与观测弧段长度、力学模型参数存在强相关关系(Steigenberger et al.,2013)。受地面跟踪站数目与分布限制,相关结论有待进一步研究。楼益栋分析了弧段长度、光压模型参数对北斗卫星精密定轨的影响,当选用 3 天弧段与 5 参数 ECOM 模型时获得的 MEO 与 IGSO 卫星轨道精度最优;同时,提出了一种针对 GEO 卫星新的 5 参数 ECOM 模型(Lou et al.,2014)。戴小蕾对 BDS-2 姿态模型进行了进一步精化处理,即提出了一种新的北斗偏航姿态角估计策略,有效地避免了姿态切换期间偏航姿态对精密定轨的影响。该策略首先基于姿态切换前的观测数据进行精密定轨处理,解算得到卫星位置及相关参数,其次基于力学模型实现了卫星轨道的短期预报处理,并利用逆动态 PPP 技术估计出卫星天线相位中心参数,间接求解偏航姿态角(Dai et al.,2015)。谭冰峰利用射线追踪法建立了一种新的针对北斗卫星的解析光压模型,通过实验发现,相较于传统的 5 参数 ECOM 模型,可分别提升北斗卫星动偏与零偏期间精密定轨精度 20％～25％与 40％(Tan et al.,2016)。

（3）BDS-2/GNSS 卫星联合精密定轨研究

为克服北斗地面跟踪站的限制,利用 BDS-2/GNSS 卫星联合精密定轨技术是有效的增强策略之一:① 通过联合精密定轨可以提高 BDS-2 与其他 GNSS 卫星之间的公共参数解算精度,间接提高北斗精密定轨精度;② 由于未来将是北斗与 GNSS 卫星共同提供服务,通过联合精度定轨可以获得各系统、各类参数之间更自恰的轨道钟差等卫星产品。BDS-2/GNSS 卫星联合精密定轨研究主要包括三点:① 联合精密定轨策略精化;② 联合定轨偏差参数处理,如系统偏差参数、硬件延迟等;③ 联合精密定轨中参数快速处理技术。

当前,BDS-2/GNSS 卫星联合精密定轨中主要策略包括两类:①“两步法”,首先基于 GPS 观测数据进行 PPP 解算,获得跟踪站坐标、钟差以及对流层等公共参数,其次将求解的公共参数作为已知值代入北斗卫星精密定轨中(李敏,2011;Shi et al.,2012);②“一步法”,对 BDS-2/GNSS 卫星轨道等参数进行统一解算处理,获得自恰的多系统轨道钟差等参数(Wang et al.,2019)。在无法获取星间观测数据的前提下,受地面跟踪站数目、分布以及数据质量等客观条件限制,同时在还未对北斗卫星力学模型等摄动模型充分研究的前提下,基于“一步法”实现 BDS-2/GNSS 卫星精密定轨理论上无法充分发挥 GNSS 对北斗卫星轨道钟差等参数的增强作用,而基于“两步法”策略可有效地确保公共参数的解算精度,间接增强北斗卫星精密定轨数据处理能力。需要注意的是,随着北斗卫星精密定轨技术的不断完善,基于“一步法”解算 BDS/GNSS 卫星轨道钟差等参数,可生成自恰性更好的 BDS/GNSS 卫星轨道钟差产品,便于用户端应用。

在 BDS-2/GNSS 观测数据联合处理中,偏差参数(系统偏差、频间偏差、硬件延迟偏差等参数)作为影响观测数据深度融合与兼容互操作的关键参数之一,需对其高精估计以及消除方法进行深入探讨。如:曾安敏估计并分析了不同类型接收机针对 BDS/GPS 间的系统偏差参数,并从时空基准角度探讨了系统偏差参数产生的原因,结果表明,同一类型接收机估计出的系统偏差参数不存在明显差异,而不同类型接收机则存在较大的差异性;同时,就北斗各类卫星之间(GEO/IGSO/MEO)所估计出的系统偏差参数而言,可发现其系统偏差参数并不显著(Zeng et al.,2017)。与此同时,Nandakumaran 则基于北斗不同类型卫星的星地相位观测数据分析了存在于观测数据中的系统偏差参数,得出不同卫星就伪距观测数据而言不存在明显的偏差,而对于相位观测数据则偏差较显著,特别是针对 GEO 卫星尤为明显。通过定位实验表明,如果不能对该偏差进行有效的消除处理,定位中模糊度参数固定成功率将受到一定影响,而通过引入系统偏差参数先验约束条件,可有效地提高模糊参数固定成功率(Nadara-jah et al.,2013)。陈俊平分析了定位中不同参数与系统偏差参数之间的相关性,结果表明钟差与模糊度参数和系统偏差参数之间存在较强的相关性,位置与对流层参数则不相关(弱相关),基于该特性,提出了一种约化的系统偏差参数处理模型,有效地降低了未知参数个数(Chen et al.,2015)。Montenbruck 基于 90 个全球 MGEX 连续 180 天的观测数据,估计并分析了联合数据处理中的 DCB 参数,实验结果中 GPS 与 GALILEO 之间的 DCB 偏差十分稳定,结果与广播星历中提供的群延迟参数具有较好的一致性。需要特别指出的是,北斗系统估计的 DCB 参数与广播星历间提供的群延迟参数有较明显的偏差(±1~3 ns),其推测可能是尚存在未校正的其他偏差所导致的,如北斗卫星天线相位中心模型误差等(Montenbruck et al.,2015);在多系统观测数据联合精密定轨中,IGS 已就不同的导航卫星系统(GPS、GLONASS、BDS、QZSS、IRNSS)定义了基于卫星载体的姿态规则,为开展联合精密定轨提供了必要的协议支持。

　　基于 BDS/GNSS 卫星观测数据联合处理,一定程度上可以有效地提高多系统轨道钟差产品的自洽性,但是不可避免地增加了数据处理效率,降低了产品的时效性,这直接对精度与时效性有严格要求的计算任务产生较大的影响。针对产品生成效率问题,学者主要从以下三个方面进行了改进:① 将计算机的串行任务更新为并行处理,充分挖掘计算机资源,提高参数处理运算效率(陈宪冬,2011;崔阳 等,2015)。② 减少待估参数个数,间接提高计算效率。陈俊平通过增加数据处理历元间隔,在略微影响参数估计精度的条件下有效地减少了未知参数的个数(陈俊平 等,2014);葛茂荣则利用高斯消元法对参数估计中的过程参数(局部参数)进行了消去处理,有效地降低了法方程维数(Ge et al.,2006);陈华通过将固定的非差模糊度参数回代入载波相位观测数据中,将其转换为距离观测数据,实现了大网观测数据高效处理(Chen et al.,2015)。③ 优化精密定轨星地观测数据几何构型,对冗余观测信息进行合理的剔除(Dvorkin et al.,2013;Zhang et al.,2013)。

　　基于上述总结分析,可以看出 BDS-2 卫星相较于 BDS-1 在定轨数据处理方面有了更为丰富的研究成果,然而 BDS-2 卫星与成熟的 GPS 等系统的定轨精度仍存在明显差距,导致这样的结果主要有三个关键因素:① 由于北斗系统跟踪站的客观限制,如无法获得全球均匀分布,尤其是缺少境外跟踪站,针对这类问题,虽然学者们开展了诸多改进策略,如定轨卫星增强等,但是具体的 BDS-2 卫星产品生成过程仍缺少实际应用。② BDS-2 卫星力学模型与几何模型精度欠佳,影响了精密定轨中摄动模型的准确求解。例如,经验光压模型需要利用长期的观测数据进行模型构建处理,而当前 BDS-2 卫星光压模型仍以 GPS 为参考。③ 星载原子钟稳定性限制了 BDS-2 卫星精密定轨精度,作为卫星观测数据处理的时间基准,BDS-2 星载原子钟稳定性相较于 GPS 仍存在明显差距。作为区域卫星导航系统,BDS-2 在精密定轨以及观测数据模型精化等方面积累了较多经验,其为北斗全球系统建设提供了宝贵理论基础。

1.3.1.3 BDS-3 卫星精密定轨研究现状

2015 年 3 月第一颗 BDS-3(I1-S)试验星入轨,标志着北斗全球服务系统开始着手建设。通过充分测试与评估(杨元喜,2018),BDS-3s 各项性能较 BDS-2 有了明显的提高。同时,2017 年 11 月,我国正式建设 BDS-3 全球服务系统,并于 2018 年 6 月完成 BDS-3 最简系统组网服务;2018 年 12 月,由 18 颗 BDS-3 组成的基本系统开始提供全球导航定位服务;截至 2019 年 12 月,BDS-3 系统完成了共 27 颗工作卫星发射组网。伴随着 BDS-3 高密度发射,2020 年已完成 30 颗工作卫星的全部入轨,实现了以 BDS-3 为核心的创新服务与应用,我国的 PNT 服务体系正进入全面发展阶段。至 2035 年,我国将构建成以北斗为核心,更加泛在、融合、智能的 PNT 服务体系。

为实现 BDS-3 与其他 GNSS 系统的兼容互操作,获得与 GPS 精度相当或更优的数据处理精度,并共同提供全球覆盖的联合数据处理与位置服务,BDS-3 数据处理作为卫星导航系统领域的热点问题引发了学者们持续不断的研究,如观测数据质量评估(Zhang et al.,2017;He et al.,2018)、星载原子钟评估(Zhao et al.,2017;Xie et al.,2017)、卫星轨道精度评估(Wang et al.,2018)、评估星间链路对轨道钟差解算的增强作用(Yang et al.,2020;Hu,2019)、星地星间联合解算(阮仁桂 等,2014;Ren et al.,2017)等研究。

(1)BDS-3 卫星新信号体制下观测数据分析

BDS-3 卫星在 B1I/B3I 频率的基础上增加了 B1C/B2a/B2b 等新频率,基于 BDS-3s 的传输体制分析表明新信号与官方文件保持一致(Xiao et al.,2016);杨元喜基于 BDS-3s 测试了用户端等效距离精度误差,约为 0.73 m(杨元喜,2018);张小红对 BDS-3 各类观测数据做了系统性的分析,发现新一代卫星观测数据质量与 GPS/GALILEO 等处于相当水平,同时存在于 BDS-2 中随高度角变化的伪距偏差明显得到消除(Zhang et al.,2017);何义磊基于 iGMAS 跟踪站长期观测数据,对 BDS-3 不同的数据质量指标进行了具体的分析,结果表明 BDS-3 的观测数据质量较 BDS-2 有了明显提升(何义磊,2019;胡超,2020);胡超等针对 iGMAS 数据质量较差的问题,提出了一种基于历元间电离层延迟变化量预报的周跳探测与修复算法(Hu et al.,2018);通过联合 BDS-3s 与 BDS-2 观测数据进行 PPP 实验,引入 BDS-3s 观测数据可有效地改善 PPP 定位结果。

(2) 多频多模 BDS-3/GNSS 观测数据联合处理偏差分析

李星星分析了 BDS-3 与 BDS-2 之间的差分码偏差,结果表明不同跟踪网之间存在明显的基准偏差(Li et al.,2019);同时,基于 BDS-3s 分析了 iGMAS 测站钟差差异,得出 BDS-2/BDS-3 不存在明显系统偏差(Li et al.,2018);但是由于数据质量、数量的限制,相关结论存在一定局限性。刘学习分析了不同 MGEX 分析中心产品解算 GPS/BDS 系统偏差参数存在的差异,其推测是钟差产品处理策略不一致导致的(Liu et al.,2019);胡超等分析了 BDS-2/BDS-3 联合数据处理中系统偏差参数的估计与建模方法(胡超 等,2020);鉴于 Nandaku-maran 已经证明 BDS-2 的三类卫星(GEO,IGSO,MEO)的载波相位观测值之间存在明显的系统性偏差,随着 BDS-3 新信号与新观测值的引入,王宁波等指出随着 BDS-3 的逐步推广,由于新旧信号的物理特性以及调制方式的差异,必然会引入多种偏差(Wang et al.,2016)。理论上,BDS-3 卫星数目增加可以有效地改善定位空间几何构型(张小红 等,2019),提高多余观测量与大气建模精度(Shi et al.,2019),进一步提高 PPP 收敛时间与定位精度。然而,在各类基准、偏差尚未充分研究的前提下,BDS-3/GNSS 数据融合处理将面临巨大挑战(杨元喜 等,2016)。

(3) BDS-3/GNSS 卫星观测数据兼容互操作与增强处理策略

相对于 BDS-2 卫星观测数据,BDS-3 卫星在信噪比、多路径和电离层误差方面要明显优于 BDS-2(He et al.,2018)。何义磊系统地分析了 PPP 中 BDS-2/BDS-3 间系统偏差参数的处理策略,并对不同观测条件下定位中 ISB 参数进行约束,一定程度上提高了定位性能。胡超等提出了利用七参数转换的方法,实现不同系统之间的偏差消除,其处理效果并没有进行实际验证。为实现观测数据兼容互操作,目前主要的数据处理策略有三种:一是采用星间单差模型来实现多系统观测数据的松组合,该方法不用引入 ISB 参数(Abd Rabbou et al.,2017);二是采用非差观测模型实现多系统的紧组合,该方法将每个卫星系统间的 ISB 作为未知参数进行估计(Liu et al.,2017;Afifi et al.,2016);三是将 ISB 参数与接收机钟差、模糊度及伪距残差参数合并,该方法在不改变现有数据处理模型前提下,简化了多卫星系统数据处理流程(Chen et al.,2013)。早在 2011 年,Parkinson 教授就指出 GNSS 技术面临"Sustainment,Robustness,Interchangeability"的挑战。因此根据 BDS-3/GNSS 共同提供全球服务的现状,深入分析 BDS-3/GNSS 卫星数据兼容互操作的优势,探讨 BDS-3、GPS、GLONASS、GALILEO(以及同一卫星系统内不同轨道面卫星)之间差异时变特性,充分挖掘 BDS-3 与 GNSS 的新技术优势,实现 BDS-3/GNSS 卫星间优势互补。

1.3.2 BDS/GNSS 钟差产品精化研究

导航卫星高精度轨道钟差等产品是全球高精度 PNT 服务的核心之一,其性能将直接影响定位服务。为对钟差研究现状做具体分析,下文对定位与定轨过程中 BDS/GNSS 卫星钟差等产品估计、建模与预报模型精化处理进行归纳。

(1) BDS/GNSS 卫星钟差分析与评估

由于原子钟不同的空间状态和使用龄期,原子钟差序列粗差、噪声、稳定性存在较大差异。对星载原子钟进行准确评估是数据处理的前提。郭海荣对 GPS 卫星钟差的时频特性进行了详细分析,并基于卡尔曼滤波对钟差估计随机模型进行了精化处理(郭海荣,2006);黄观文基于三年钟差产品对 GALILEO 钟差进行了详细的评估,结果表明 GALILEO 星载原子钟具有较好的性能(Huang et al.,2019);Kouba 分析了相对论效应对 GALILEO 星载原子钟的影响,同时指出 5 min 的钟差产品可以通过插值实现加密;黄观文等对 BDS-2 在轨卫星钟中长期钟差特性进行了分析(黄观文 等,2017);毛亚针对北斗广播星历钟差做了系统性评估,同时基于 BDS-3s 钟差产品进行在轨性能评估(毛亚,2019);王彬基于武汉大学 GNSS 分析中心产品对北斗在轨卫星钟差做了详细的分析,并引入了星地双向观测实现钟差参数提取分析(王彬,2016);通过星间链路观测数据,评估发现钟差精度有了明显提升(陈金平 等,2016;Hu,2020)。同时,为准确实现钟差序列预处理与建模,针对钟差的粗差探测、降噪、周期特性,学者做了大量研究(Senior,2008,2017)。然而,由于 BDS-3 尚处于组网阶段,在无法获得长期高精度钟差前提下,如何实现 BDS-3 星载原子钟噪声、稳定性评估是推广全球服务必须解决的难题。

(2) BDS/GNSS 卫星钟差估计模型研究

为实现系统间相互增强,多系统联合解算卫星钟差参数是当前主要的钟差产品估计策略。王彬分析了基准对卫星钟差估计的影响,指出时间基准误差会导致系统误差的产生(王彬,2016)。何丽娜等在估计钟差参数时引入了系统偏差参数,对 BDS/GPS 钟差参数进行同步解算(He et al.,2013)。基于两步法,即先确定与 GPS 相关参数再估计 BDS 钟差参数是解算北斗卫星钟差的另一种策略(Guo et al.,2016)。当前研究热点主要集中于多系统实时钟差解算。谷守周等将轨道误差引入实时钟差估计权阵中,结果表明实时钟差精度可以提升10%以上,实现了随机模型精化处理(谷守周 等,2016)。基于非差模式,赵齐乐估计了北斗实时精密钟差,结果显示钟差估计精度可达到 0.15 ns(赵齐乐 等,2018)。时效性与精度是实时钟差的重要指标,葛茂荣等提出了一种混合历元差分与非差的高效率钟差解算策略,提高了实时产品的时效性(Ge et al.,2012);陈良等利用混合钟差解算模式,获得了厘米级的实时 PPP 定位结果(陈良 等,2016)。同时,针对钟差估计过程中的物理因素,Senior 分析了轨道特性对星载原子钟的影响,结果表明由于钟差轨道等参数具有强相关性,使估计的卫星钟差中存在与轨道周期相关的误差项(Senior et al.,2017)。黄观文等分析不同星载原子钟差龄期可能会导致不同的钟差性能(Huang et al.,2019)。针对 BDS-3/GNSS 联合解算钟差模型精化问题,由于 BDS-3 卫星配备了性能更高的星载原子钟,钟差基准的优选、钟差估计函数模型与随机模型以及联合解算策略需要进一步探讨。

(3)BDS/GNSS 卫星钟差序列建模研究

导航卫星钟差建模在导航定位中具有重要作用,研究钟差建模及其预报有利于提高参数的可靠性和准确性(王宇谱,2017)。国外学者在卫星钟差函数方面开展了大量研究,主要表现为多种钟差数学模型的建立,如多项式模型、Kalman 滤波模型、ARIMA 模型、结构函数模型以及随机微分方程模型等(王彬,2016);国内钟差数学模型主要集中于 Kalman 滤波模型、灰色模型、ARIMA 模型、小波分析与神经网络、谱分析以及各种函数模型的组合(王彬,2016)。卫星钟差随机模型的研究主要表现在结合原子钟随机特征进行钟差预报研究,如Allan 利用最优估计理论阐述了不同随机噪声影响情况下原子钟钟差、频偏及频漂的最优估值,并基于 Allan 方差给出了钟差最优预报值的不确定度及渐进趋势(Allan,1987)。钟差序列建模是高精度预报的基础,然而通过增加模型阶数与未知参数个数无法显著改善模型精度(EI-Mowafy et al.,2017)。为准确实现钟差序列建模,尤其是非线性观测,借助于机器学习方法对钟差序列进行精化处理,如降噪(Hu et al.,2019)以及稀疏建模。随着 BDS-3/GNSS 新星载原子钟的引入,理论上钟差建模精度将会随之提升,然而,当前的钟差建模方法仍主要参考 GPS 卫星显然是不合理的。卫星钟差作为参考时间基准的偏差指标,除受外部影响外,应不存在与轨道强相关的周期项。

（4）BDS/GNSS 卫星钟差序列预报研究

卫星钟差预报作为实时或近实时用户的钟差产品,其在 GNSS 全球快速服务中起到重要作用。自 2000 年开始,IGS 在钟差模型中引入了一个周期项,黄观文等建议在钟差模型中应引入多个周期项（Huang et al.,2014）。对已有的卫星钟差预报模型进行总结,主要包括:多项式模型、灰色系统模型、附有周期项的多项式模型、时间序列模型、Kalman 滤波模型、小波神经网络模型、径向基函数神经网络模型、支持向量机预报模型、综合多种单一模型的组合预报模型以及改进模型。当前钟差预报研究重点主要集中在三个方面:一是钟差序列预处理（毛亚,2019）;二是钟差预报模型研究（Senior et al.,2008,2017）;三是影响钟差参数的物理因素分析（Senior et al.,2008;Vannicola et al.,2010）。针对钟差预报模型研究主要包括:长周期特性钟差预报,如扩展状态模型（Davis et al.,2012）以及基于人工神经网络预报模型（Wang et al.,2017）;多个短周期项叠加预报,如改进的迭代法以及基于恒星日滤波的单天内钟差变化量预报。针对实时钟差中断,施闯等研究了利用半变异函数经验模型进行短期预报,依据不同星载原子钟特点,优化了钟差预报随机模型（Shi et al.,2019）;彭亚权等基于实时均方根滤波算法实现了多系统实时钟差短期预报（Peng et al.,2019）。考虑 BDS-3 配备了更加稳定的星载原子钟,为了充分挖掘高性能原子钟特性与增强钟差预报模型参数解算,胡超等提出了一种 BDS-2 与 BDS-3 联合钟差预报模型（Hu et al.,2020）。在 BDS-3/GNSS 全球服务阶段,实现钟差短期高精度建模与预报将是推广产品应用的关键之一。

综上,目前 BDS/GNSS 处理模型已得到了较为深入的探索与验证;而在 BDS-3 全球服务情况下,钟差质量控制模型、估计模型以及增强模型有待进一步探索;轨道作为钟差强相关参数,学者们针对轨道产品的处理也做了大量工作。

1.3.3 BDS/GNSS 轨道产品精化研究

（1）导航卫星精密定轨模型精化处理

卫星轨道作为定位服务的空间动态参考基准,其精度将对定位结果造成直接影响（戴小蕾,2016）。随着 multi-GNSS 技术的发展,当前主要基于 MGEX/iGMAS 观测数据开展联合定轨相关理论与方法的研究。目前,IGS 发布的 GPS 轨道精度已经优于 2.5 cm（Hadas et al.,2015）;对于 GLONASS 卫星,经过 IGEX-98、IGLOS-PP 等不同阶段的项目研究,以及新一代 GLONASS-M 卫星的投入使用,其轨道产品精度已经达到厘米级(刘扬,2016);而 GALILEO 卫星经过光压模型精化(Montenbruck et al.,2015)、定轨策略优化等工作,其轨道精度为 5～30 cm,同时轨道中仍存在系统性误差需要进一步处理。在 BDS-2 定轨方面,经不同定轨策略(光压模型参数、两步法、不同弧长等)(Shi et al.,2012)、GEO 光压 ECOM 模型精化(Zhao et al.,2013)、卫星姿态确定(Dai et al.,2019;郭靖,2014)等处理,当前北斗 GEO 卫星轨道精度为 0.5～1 m,IGSO/MEO 卫星轨道精度为 10～30 cm。经过大量评估和策略优化,BDS-3s 轨道重叠弧段径向与切向不符值分别由 10.0 cm 和 25.0 cm 降低至 3.7 cm 与 7.9 cm(胡超 等,2021);而 BDS-3 由于采用了老信号与新信号共同服务模式,经评估当前新旧信号定轨精度约为 35 cm(黄超 等,2019)。需要注意的是,iGMAS 第三阶段要求的轨道精度优于 5 cm,当前北斗定轨模型精化仍存在很大差距,有待完善。

(2)导航卫星精密定轨增强方法

理论上导航卫星精密定轨需要全球范围内均匀分布的跟踪站观测数据,但是由于跟踪站分布限制以及卫星相对地面静止等,无法获得理想状态下的精密轨道。当前定轨增强有两种方式:一是基于低轨卫星星载接收机增强。如冯来平仿真了低轨卫星星座增强导航卫星精密定轨,结果表明卫星轨道得到明显提升(冯来平,2017);赵齐乐利用风云星载接收机观测数据实现了北斗定轨增强(Zhao et al.,2017);葛海波则是通过仿真 MEO 星载接收机增强北斗卫星定轨(Ge et al.,2017);李星星分别利用 2013 年、2015 年、2017 年各一个月 FY-3C 星载观测数据和星地观测数据,实现了 FY-3C、GPS 和 BDS 卫星联合定轨(Li et al.,2018)。总的来说,作为动态测站,低轨卫星能够在更高的高度上实现对 GNSS 的全球跟踪,相比较地面观测数据,高动态 LEO 观测数据极大地改进了导航卫星精密定轨的几何观测强度,有利于提高导航卫星和 LEO 轨道精度(张柯柯,2019)。随着 Iridium、SpaceX、中国鸿雁等低轨星座逐渐组网,届时将给导航卫星定轨带来巨大机遇(张小红 等,2019)。二是加入星间链路观测数据实现轨道增强。在地面监测站资源有限或监测站难以实现全球布设的情况下,导航卫星星间链路将成为提升定轨精度的另外一个有效途径;GPS Block IIR 首先搭载了 UHF,新一代 GPS III 计划配备星间 Ka 链路(Luba et al.,2005);GLONASS-K 卫星搭载了 S 波段的星间链路技术,GALILEO 系统的星间链路技术还未开展;新一代北斗 BDS-3 配备了 Ka 波段的星间双向链路技术,其为提高卫星轨道解算精度提供了重要数据源（Yang et al.，2017）。杨宇飞等通过实测数据验证了星间链路对 BDS-3 定轨的增强作用，结果表明：仅采用区域测站定轨，BDS-3 卫星重叠弧段 3DRMS 为 66.7 cm，加入星间链路观测数据后可降低至 15.4 cm（杨宇飞 等，2019）。BDS-3 卫星通过引入星间链路技术，有效地提高了区域跟踪网的定轨精度，降低了北斗精密定轨过程对于地面监测站的依赖。可以预见，随着 BDS-3 卫星的继续发射和星间链路观测数据的累积，BDS-3 卫星轨道精度会得到进一步提升（杨宇飞 等，2019）。

（3）导航卫星轨道预报模型精化处理

轨道预报作为实时或近实时用户重要的输入参数，如何实现轨道高精度预报是精密定轨另一个重要的研究内容。通过评估可知，GPS 超快速预报轨道 6 h 和 24 h 的三维均方根误差分别达到 41.7 mm 与 80.2 mm。其与最终产品精度有明显差距，是无法充分满足高精度 GNSS 用户需求的。为提高超快速轨道精度，学者们从预报策略、最优弧段长度、预报时间间隔和地球自转参数误差影响等方面对超快速预报轨道进行了精化。李星星等采用 MGEX 和北斗试验网 BETS 观测数据，基于 72 h 定轨弧长，每 6 h 更新实时轨道用于实时精密服务系统，预报轨道和事后解算轨道产品相比，GPS 和 GLOANSS 轨道精度分别约为 5 cm 和 7 cm，GALILEO 卫星和北斗 MEO/IGSO 卫星轨道精度在分米级，北斗 GEO 卫星轨道精度在 1 m 左右（Li et al.，2015）。Tegedor 等基于 MGEX 和 Fugro 跟踪网，对北斗卫星的实时定位精度进行研究，采用 48 h 定轨弧长，每小时更新北斗卫星精密轨道（包含预报部分），也获得了类似精度的北斗卫星实时轨道（Tegedor et al.，2016）。赵齐乐等设计了一种基于分块递推最小二乘配置方法，实现了 GNSS 预报轨道 3 h 更新（赵齐乐 等，2018）。胡超等为了克服超快速轨道后期精度降低而进一步影响轨道精度问题，提出了一种基于 DOP 约束的超快速轨道后期修正算法（胡超，等，2020）。当前，针对超快速轨道预报研究已经有了一定的研究基础。然而需要指出的是，新一代 BDS-3 轨道力学模型较 BDS-2 发生了改变，为提升系统服务能力，有必要对 BDS-3/GNSS 轨道预报做深入研究。同时，为获得实时轨道参数，实时滤波算法同样需要与轨道结合互补。

（4）基于钟差约束的精密定轨模型优化

考虑轨道与钟差参数之间强相关特性，通过对钟差参数合理的建模一定程度上可以实现轨道参数的优化处理。卿云等通过对钟差参数施加合理的约束，提高了轨道参数求解精度（Qing et al.，2017）。为了克服由于轨道制动等异常情况下的无法使用的问题,戴小蕾等利用短期预报的钟差产品作为约束条件,基于逆动态 PPP 技术实现了轨道产品的精化(戴小蕾,2016)。Chen 等首先采用星地双向链路对钟差参数进行建模处理,将建模后的钟差代入定轨方程中,避免了轨道钟差参数之间的耦合效应(Chen et al. ,2016),即对轨道钟差参数进行降相关处理。由于 BDS-3 跟踪站观测数据较少,Wang 等提出了一种高精度钟差预报策略,并将预报的钟差参数代入超快速轨道解算中,实现了定轨精度 20%左右的提升(Wang et al. ,2019)。由于参数解算存在公共测站、参数模型等,钟差轨道之间不可避免地存在相关性,尽管这种相关性被公认为是存在的(Mao et al. ,2019),但是数据处理策略中仍将这些参数独立处理。相关文献表明,iGMAS 轨道与钟差产品由不同的机构完成综合(陈康慷 等,2016),其势必忽略了轨道与钟差参数间的强相关性对产品的影响。因此,从轨道钟差之间强相关性出发,充分挖掘定轨观测信息与约束信息,构建合理的虚拟方程与随机模型,是实现 BDS/GNSS 卫星轨道精化处理的有效途径之一。

2　GNSS 精密定轨基本原理

　　GNSS 精密轨道确定主要包括动力学定轨、运动学定轨以及几何定轨。其中,动力学定轨主要依赖于所建立的动力学模型;运动学定轨主要依赖地面跟踪站观测资料,目前普遍运用的约化动力学定轨同时考虑了动力学模型和地面观测资料。本章将从 GNSS 精密轨道确定的原理出发,系统地论述初轨计算、轨道积分、偏航姿态与光压模型、最小二乘参数估计、模糊度固定和 UPD 解算、均方根信息滤波等模型的原理及实现。

2.1　初轨计算

　　所谓初轨是指在惯性坐标系下或者地固坐标系中精度较差的任意时刻卫星轨道。GNSS 轨道确定过程中,初轨主要是通过地固坐标系下的广播星历计算得到的。经过拟合和积分可得到与广播星历精度相当的一组轨道值。通过广播星历计算卫星任意时刻的位置与钟差,具体参考相关文献(李征航,2016)。由广播星历计算初轨的具体实现过程如图 2-1 所示。

　　通过广播星历计算卫星初始轨道时,通常计算的初轨为多系统轨道,所以针对不同的卫星系统应采用不同的计算方法,具体如下:对于 GLONASS 格式的卫星星历,计算卫星位置与速度时应采用龙格库塔积分法;对于 GPS 格式的卫星星历,计算卫星位置通常利用导航星历中给出的开普勒参数和相应的时间计算出对应时刻卫星的轨道。利用广播星历计算北斗卫星轨道与 GPS 轨道有两点不同之处:① GPS 广播星历参考的是 WGS84 坐标系,北斗广播星历参考的是 CGCS2000,二者对应的参考椭球不一致;② 对于 GEO 卫星,由于其轨道倾角较小,升交点赤径与近地点角距无法明显区分开,所以计算北斗 GEO 卫星轨道时需要对其轨道面作相应的旋转处理(BDS_ICD)。

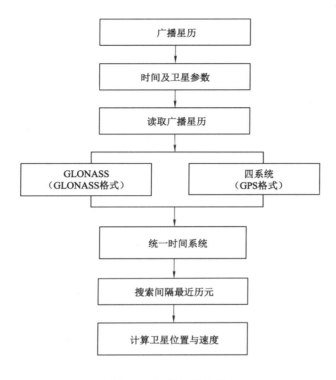

图 2-1 初轨计算流程

目前,多系统导航卫星初始轨道精度为米级左右,表 2-1 给出了 2017 年(年积日 35)多系统广播星历的精度。从表中可以看出,除北斗的 GEO 卫星外,其他导航卫星的广播星历轨道精度都在 1 m 左右,这样的轨道精度是不能满足高精度用户需要的。所以,利用地面跟踪站数据进行轨道改进是有必要的。

表 2-1 广播星历精度

卫星类型	精度/cm
G	85
R	174
E	51
C(GEO)	499
C(IGSO/MEO)	130

2.2 轨道积分

定轨过程中,广播星历文件提供的轨道为一组离散点。高精度地获取任意时刻的轨道,则必须通过数值积分的方法,即根据一组初始时刻状态、状态转移矩阵和相应的积分器求取一组连续的轨道。同时需要注意的是,通过广播星历内插或外推任意时刻的卫星轨道,没有考虑力学摄动模型,随着时间推移轨道误差会逐渐增大。但是,轨道积分过程充分考虑了卫星所受摄动,相较于广播星历外推一定时间更加可靠、精度更高。

卫星轨道动力学方程及其运动变分方程是轨道积分对象,下面将对其原理进行简要分析。

设卫星轨道运动方程为:

$$\ddot{r} = F(r,\dot{r},t) \tag{2-1}$$

式中,r、$\dot{r}$、$\ddot{r}$ 分别表示卫星位置、速度及加速度向量;t 表示任意时刻;$F(\bullet)$ 表示卫星所受的摄动力,具体可表示为

$$F = F_0 + F_{NB} + F_{NS} + F_{TD} + F_{SR} + F_{AL} + F_{RL} + F_{TH} \tag{2-2}$$

式中　　F_0——二体摄动力,即地球引力作用;

$\quad\quad F_{NB}$——N 体摄动,即月球等其他行星引力作用;

$\quad\quad F_{NS}$——地球的非球形引力摄动作用;

$\quad\quad F_{TD}$——潮汐引力摄动作用,如固体潮、海潮等;

$\quad\quad F_{SR}$——太阳光压摄动作用;

$\quad\quad F_{AL}$——地球反照辐射摄动作用;

$\quad\quad F_{RL}$——相对论效应;

$\quad\quad F_{TH}$——其他摄动力作用。

卫星轨道运动方程(2-1)实质上是二阶微分方程,只有求解出微分方程的解才能获得任意时刻的轨道。将式(2-1)表示成一阶微分方程,则

$$\begin{cases} \dot{X}(t) = F(X,t) \\ X(t_0) = X_0 \end{cases} \tag{2-3}$$

其中 X_0 为初始轨道状态参数。设卫星状态从 t_0 到 t 时刻的状态转移矩阵为 $\Phi(t_0,t)$,则

$$\Phi(t_0,t) = \partial X(t)/\partial X(t_0) \tag{2-4}$$

$$\begin{cases} \dot{\Phi}(t_0,t) = \dfrac{\partial F(X,t)}{\partial X(t)} \Phi(t_0,t) \\ \Phi(t_0,t_0) = I \end{cases} \tag{2-5}$$

状态转移矩阵可具体表示为：

$$\Phi(t,t_0) = \begin{bmatrix} \dfrac{\partial r}{\partial r_0} & \dfrac{\partial r}{\partial \dot{r}_0} & \dfrac{\partial r}{\partial p} \\[2mm] \dfrac{\partial \dot{r}}{\partial r_0} & \dfrac{\partial \dot{r}}{\partial \dot{r}_0} & \dfrac{\partial \dot{r}}{\partial p} \\[2mm] \dfrac{\partial p}{\partial r_0} & \dfrac{\partial p}{\partial \dot{r}_0} & \dfrac{\partial p}{\partial p} \end{bmatrix} = \begin{bmatrix} \dfrac{\partial r}{\partial r_0} & \dfrac{\partial r}{\partial \dot{r}_0} & \dfrac{\partial r}{\partial p} \\[2mm] \dfrac{\partial \dot{r}}{\partial r_0} & \dfrac{\partial \dot{r}}{\partial \dot{r}_0} & \dfrac{\partial \dot{r}}{\partial p} \\[2mm] 0 & 0 & I \end{bmatrix} \tag{2-6}$$

综上,积分过程主要指求解轨道的运动方程和变分方程解(状态转移矩阵)。实际积分过程中由于力学参数被视为与时间无关的量,所以其并不参与积分,则变分方程可表示为：

$$\frac{\partial \overrightarrow{\ddot{X}}}{\partial \overrightarrow{X_0}} = \frac{\partial \overrightarrow{\ddot{X}}}{\partial \overrightarrow{r}} \cdot \frac{\partial \overrightarrow{r}}{\partial \overrightarrow{X_0}} + \frac{\partial \overrightarrow{\ddot{X}}}{\partial \overrightarrow{\dot{r}}} \cdot \frac{\partial \overrightarrow{\dot{r}}}{\partial \overrightarrow{X_0}} + \frac{\partial \overrightarrow{\ddot{X}}}{\partial \overrightarrow{p}} \cdot \frac{\partial \overrightarrow{p}}{\partial \overrightarrow{X_0}} \tag{2-7}$$

令

$$A = \frac{\partial \overrightarrow{\ddot{X}}}{\partial \overrightarrow{r}} \quad B = \frac{\partial \overrightarrow{\ddot{X}}}{\partial \overrightarrow{\dot{r}}} \quad C = \frac{\partial \overrightarrow{\ddot{X}}}{\partial \overrightarrow{p}} \tag{2-8}$$

所以变分方程的偏导数可表示为：

$$\frac{\partial \overrightarrow{\ddot{X}}}{\partial \overrightarrow{X_0}} = A \cdot \frac{\partial \overrightarrow{r}}{\partial \overrightarrow{X_0}} + B \cdot \frac{\partial \overrightarrow{\dot{r}}}{\partial \overrightarrow{X_0}} + C \tag{2-9}$$

通过积分的方法求解式(2-3)和式(2-9)即可得到 t 时刻卫星状态矩阵和状态转移矩阵。目前,GNSS 轨道理论中积分器中的积分方法主要分为单步法和多步法。发展较为成熟的积分方法为 Admas 多步法和嵌套 Runge-Kutta 单步法相结合的积分算法。图 2-2 给出了轨道积分的具体实现过程与方法,由于页面限制,不具体展开。关于各种摄动力学模型相关论文已经给出了具体的论述(葛茂荣,1995),这里不再赘述。

积分过程相当复杂,所以在求解状态参数及其变分方程时需要注意以下几点:① 当积分参考时刻位于积分区间内时,应首先向后积分,这样便于后续轨道文件的统一处理;② 单步 RKF 积分的步长应不大于 Admas 积分步长的 1/6;③ 为了确定截断误差不会影响积分精度,RKF 采用 8 阶、9 阶嵌套单步法,Admas 采用预报-修正的多步法。

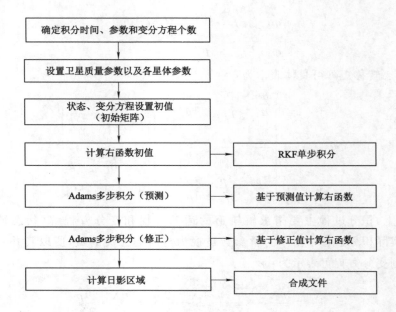

图 2-2　轨道积分流程

图 2-3 给出 GPS 卫星通过积分后的轨道误差随时间的变化。

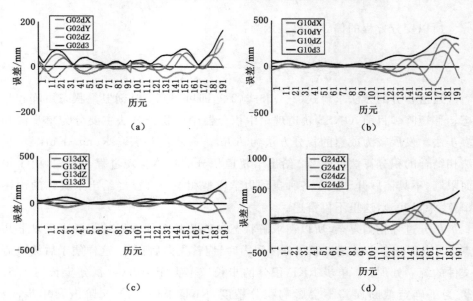

图 2-3　GPS轨道积分误差图

目前,轨道积分的精度已经可以满足高精度用户的需要。由于轨道积分用到相关力学模型,其精度受限于力学模型的精度。理论上,一组积分轨道会随着时间的推移其精度逐渐降低,这在轨道预报过程中表现得更加明显。

2.3　偏航姿态与光压模型

由上节可知,积分过程中力学模型误差是影响轨道精度的主要因素之一。积分过程中对于卫星偏航姿态若不能高精度建模将直接影响轨道力学模型,从而影响卫星的轨道精度。同时,在利用地面观测数据改正轨道的过程中,由于卫星偏航姿态的不正确将直接影响与卫星天线相位中心相关的误差。目前,定轨过程中通常对卫星机动时刻进行标记,对偏航姿态异常时间段的相应数据进行拟合。本节不讨论卫星偏航姿态的确定,主要论述轨道机动时刻的确定及相应的数据处理策略。卫星光压摄动作为影响其定轨精度的主要误差源,对其进行合理有效的建模多年来一直是研究的热点。目前,GNSS 的轨道确定主要基于经验光压模型。本节将在 ECOM 模型的基础上详细论述其建立过程,并结合定轨过程分析光压模型参数对定轨精度的影响。

目前定轨过程中普遍使用的 ECOM 模型是在 DYB 坐标系下建立的(D 为卫星至太阳方向,Y 为星固坐标系 Y 轴,B 垂直于 D 和 Y 构成右手坐标系):

$$\begin{cases} a_{\mathrm{srp},D} = D_0 + D_c \cos u + D_s \sin u \\ a_{\mathrm{srp},Y} = Y_0 + Y_c \cos u + Y_s \sin u \\ a_{\mathrm{srp},B} = B_0 + B_c \cos u + B_s \sin u \end{cases} \tag{2-10}$$

式中 $a_{\mathrm{srp},D}$、$a_{\mathrm{srp},Y}$、$a_{\mathrm{srp},B}$ 表示 D、Y、B 三个方向摄动加速度;u 为轨道角。积分中 ECOM 模型的建立过程如图 2-4 所示,图中给出了某一时刻确定星体三个方向光压加速的计算步骤。

ECOM 模型建立过程中需要注意的是:① 当存在日影影响时,光压可以忽略周期项对模型值的影响;② 为了保持单位统一,光压参数求解的加速度应以 km 为单位。光压参数作为定轨过程中比较重要的力学参数,其数值大小及参数个数的设置对轨道精度的影响需要进一步验证。相较于目前普遍采用的 ECOM 的 5 参数光压模型,下面将对不同光压参数以及参数个数对轨道精度的影响做简单的验证与分析。

为了讨论光压参数在定轨过程中的作用,现对比基于无光压模型、光压模型中无周期项和 5 参数、9 参数光压模型对轨道精度的影响。首先以 GFZ 提供

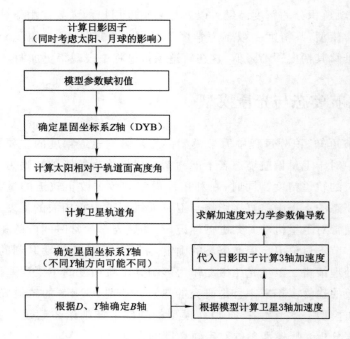

图 2-4 ECOM模型建立流程

的快速多系统星历GBM为基准,通过轨道拟合求解出一组轨道初始状态;根据初始状态,通过控制光压模型参数依次得出积分后的轨道;验证5参数与9参数对积分过程的影响,采用积分两天弧段方法。最后与GBM星历比较,统计一天轨道RMS。表2-2给出了四组实验的统计结果。

表 2-2 光压参数对轨道精度的影响

	卫星系统	不加光压参数	不加周期项	5参数	9参数
轨道精度	G	59 m	15 cm	7 cm	8 cm
	R	78 m	22 cm	12 cm	13 cm
	E	63 m	28 cm	15 cm	16 cm
	BDS(GEO)	190 m	171 cm	68 cm	89 cm
	BDS(IGSO/MEO)	120 m	32 cm	32 cm	53 cm

通过实验可以得出:① 定轨过程中,光压参数对轨道的影响可达到上百米,

其中,北斗受影响最大;② 光压模型中三个常数项对轨道起主要作用,周期项对轨道(除 GEO)的影响为分米级;③ 对比 5 参数与 9 参数,5 参数模型略微优于 9 参数模型。

定轨过程中光压参数对轨道精度起到了决定性的作用,合理地选择光压模型参数、建立针对不同系统的光压模型是提高轨道精度有效途径之一。从实验结果可以看出,相较于其他三个导航系统,北斗光压模型是亟待解决的问题之一,这是分析中心轨道的首要任务。

对于卫星偏航姿态在轨道积分过程中进行判断,并对其进行标记。目前与 GPS 相关的偏航姿态研究已经成熟,国内对北斗偏航姿态的研究以武汉大学郭靖与戴小蕾为代表(戴小蕾,2016)。图 2-5 给出了卫星日影区的判定方法,其主要是根据日影因子判定偏航姿态近似位置。北斗姿态控制模式与其他系统不同之处是:IGSO 和 MEO 卫星在太阳高度角小于 4°时切换至零偏模式直到太阳高度角大于 4°,由于一天以内太阳高度角的变化小于 1°,零偏模式将持续 8 天左右。

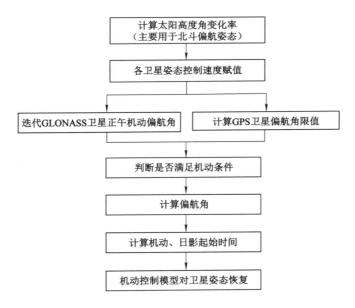

图 2-5 卫星日影区识别流程

目前,国内关于北斗轨道的研究中,对卫星轨道有影响的 Y 轴偏差、地球反照辐射压力等还没涉及。

2.4 最小二乘参数估计

由轨道积分过程可知,通过一组轨道初值和状态转移矩阵可得到任意时刻的轨道状态。实际定轨中,由于卫星的初始状态是未知的或者精度不高(由广播星历得到),这样通过积分得到的轨道精度较差。为了尽可能提高初始轨道状态的精度,达到改善轨道的目的,定轨过程必须借助于大量地面观测数据估计卫星轨道初值和相应的动力学参数。若采用参数估计方法,对于非实时参数估计定轨采用最小二乘,对于实时参数估计一般采用均方根信息滤波。下面将对定轨过程中最小二乘参数估计原理及实现进行分析。设 GNSS 观测方程为:

$$\varphi_{i,a}^s = \rho_a^s + m_a^s T_a + c(\delta t_a - \delta t^s) - \gamma_i I_a^s + d_{\varphi_i,a} - d_{\varphi_i}^s + \lambda_i N_{i,a}^s + \xi_{i,a}$$

$$(2\text{-}11)$$

$$P_{i,a}^s = \rho_a^s + m_a^s T_a + c(\delta t_a - \delta t^s) + \gamma_i I_a^s + b_{P_i,a} - b_{P_i}^s + e_{i,a}^s \qquad (2\text{-}12)$$

式中 a 表示测站,$\varphi_{i,a}^s$、$P_{i,a}^s$ 为频率 i 的相位观测值与伪距观测值,ρ_a^s 为卫星与测站的几何距离,T_a 为与测站相关的对流层延迟参数,m_a^s 为对流层映射函数,c 为光速,δt^s、δt_a 分别表示卫星和接收钟差,γ_i 为频率比值,I_a^s 为电离层延迟参数,$d_{\varphi_i}^s$、$d_{\varphi_i,a}$、$b_{P_i}^s$、$b_{P_i,a}$ 分别为卫星端和接收机端相位延迟参数与码延迟,$\xi_{i,a}^s$、$e_{i,a}^s$ 为观测噪声。

对非差观测方程组合无电离层方程消除一阶电离层对定轨方程的影响:

$$\varphi_{LC,a}^s = \frac{f_1^2}{f_1^2 - f_2^2}\varphi_{1,a}^s - \frac{f_2^2}{f_1^2 - f_2^2}\varphi_{2,a}^s$$

$$= \rho_a^s + m_a^s T_a + c(\delta t_a - \delta t^s) + d_{\varphi_{LC},a} - d_{\varphi_{LC}}^s + \lambda_{LC} N_{LC,a}^s + \xi_a^s$$

$$(2\text{-}13)$$

$$P_{LC,a}^s = \frac{f_1^2}{f_1^2 - f_2^2}P_{1,a}^s - \frac{f_2^2}{f_1^2 - f_2^2}P_{2,a}^s$$

$$= \rho_a^s + m_a^s T_a + c(\delta t_a - \delta t^s) + b_{P_{LC},a} - b_{P_{LC}}^s + e_a^s \qquad (2\text{-}14)$$

上式(•)$_{LC}$ 表示相应的组合观测值,f_1、f_2 为频率,考虑式(2-5)运动方程,将式(2-13)与式(2-14)线性化可得误差方程为:

$$v_i = \begin{bmatrix} v_{\varphi C} \\ v_{PC} \end{bmatrix} = B_i \cdot X - \begin{bmatrix} l_{\varphi C} \\ l_{PC} \end{bmatrix} = B_i \cdot X - l_i \qquad (2\text{-}15)$$

上式中

$$\begin{cases} l_i = \begin{bmatrix} \varphi_{LC,a}^s - (\parallel \Phi^0(t_0,t_i)X_0^0 - X_a^0 \parallel + m_a^s T_a^0 + c(\delta t_a^0 - \delta t_0^s) + d_{\varphi_{LC},a}^0 - (d_{\varphi_{LC}}^s)^0) \\ P_{LC,a}^s - (\parallel \Phi^0(t_0,t_i)X_0^0 - X_a^0 \parallel + m_a^s T_a^0 + c(\delta t_a^0 - \delta t_0^s) + b_{P_{LC},a}^0 - (b_{P_{LC}}^s)^0) \end{bmatrix} \\ X = [dX_0, dX_a, dX_{erp}, dT_a, c \cdot d\delta t_a, c \cdot d\delta t^s, \delta d_{\varphi_{LC},a}, \delta d_{\varphi_{LC}}^s, \delta b_{\varphi_{LC},a}, \delta b_{\varphi_{LC}}^s, N_{LC,a}^s]^T \\ B_i = \begin{bmatrix} u_r^s, -u_r^s, u_{erp}, m_a^s, 1, -1, 1, -1, 0, 0, \lambda_{LC} \\ u_r^s, -u_r^s, u_{erp}, m_a^s, 1, -1, 0, 0, 1, -1, 0 \end{bmatrix} \end{cases}$$

上式中相关参数解释为: l_i 中表示各参数近似值,不具体列出; X 中表示各参数改正值,依次为轨道初始状态参数改正值、测站坐标改正值、ERP 参数改正值、对流层参数改正值、钟差、硬件延迟和模糊度参数; B_i 中表示各参数系数,具体表达式参考相关文献(葛茂荣,1995)。基于地面跟踪站轨道改进,轨道初值位于天球坐标系中,需要通过 ERP 将其转换至地固坐标系中,所以建立的误差方程待求参数包括:卫星轨道初始状态、力学模型参数、ERP 参数、测站坐标和整周模糊度参数等改正值。

通过上述最小二乘参数估计,可得到相应参数的改正值。其中,得到的非差无电离层模糊度分解为宽巷与窄巷固定后,将固定的模糊度作为双差约束条件代入法方程进行参数解算,设测站 a、b 及卫星 s_1、s_2 组成双差模糊度,可得:

$$N_a^{s_1} - N_a^{s_2} - (N_b^{s_1} - N_b^{s_2}) = \frac{f_1}{f_1 + f_2} \cdot N_{n,ab}^{s_1 s_2} + \frac{f_1 \cdot f_2}{f_1^2 - f_2^2} \cdot N_{w,ab}^{s_1 s_2} \quad (2\text{-}16)$$

式中 $N_{n,ab}^{s_1 s_2}$、$N_{w,ab}^{s_1 s_2}$ 为固定后的双差窄巷与宽巷模糊度。

将式(2-16)作为虚拟观测方程代入式(2-15)求解平差参数,以提高参数解算精度。同时,在最小二乘参数处理过程中,定轨过程源文件为大网数据,处理的地面观测数据较多,法方程维数较大,不可避免会造成解算较慢的现象,在定轨过程中可将过程参数(如钟差、模糊度等)消除,只保留全局变量,最后再对其进行恢复(葛茂荣,1995)。参数消除主要方法如下:

设定轨过程法方程为式(2-17),P 对应一组过程参数,X、Y 为全局参数:

$$\begin{bmatrix} N_{11} & N_{12} & N_{13} \\ N_{21} & N_{22} & N_{23} \\ N_{31} & N_{32} & N_{33} \end{bmatrix} \begin{bmatrix} X \\ Y \\ P \end{bmatrix} = \begin{bmatrix} w_1 \\ w_2 \\ w_3 \end{bmatrix} \quad (2\text{-}17)$$

将参数 P 消去,则

$$P = N_{33}^{-1}(w_3 - N_{31}X - N_{32}Y) \quad (2\text{-}18)$$

将式(2-18)代入式(2-17)即可得到消去参数后的法方程。

　　基于最小二乘数据处理需要进行迭代数据处理,以达到收敛的计算结果。图 2-6 给出了最小二乘参数估计的实现思路。在定轨过程参数估计过程中通常采用迭代计算的方法使待估参数收敛,即多次最小二乘,表 2-3 给出了 2014 年(年积日 223)多次最小二乘轨道精度的统计。随着参数估计迭代次数的增加,轨道精度有相应的提高,但提高的幅度逐渐降低。表中给出的轨道精度没有进行模糊度固定,为了进一步提高轨道精度,必须对模糊度参数进行固定、回代法方程。下节将对模糊度固定原理进行探讨。

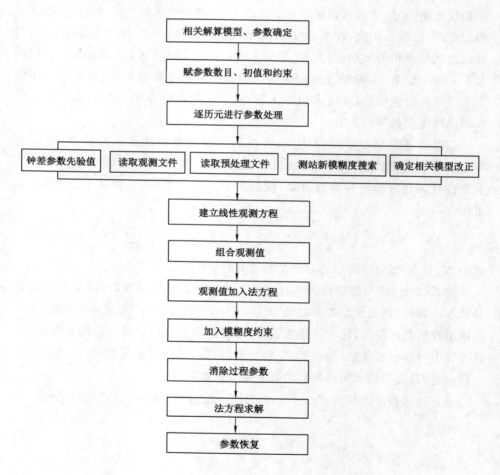

图 2-6　最小二乘参数估计流程

表 2-3   参数估计次数与轨道精度关系

		初轨(广播星历)	第一次	第二次	第三次
轨道 精度	G	91 cm	7 cm	6 cm	6 cm
	E	118 cm	14 cm	12 cm	12 cm
	C(GEO)	453 cm	161 cm	160 cm	155 cm
	C(IGSO/MEO)	98 cm	14 cm	14 cm	13 cm

2.5   模糊度固定与 UPD 解算

基于地面观测资料的轨道改进过程涉及载波相位观测值,需要对模糊度进行解算。非差观测数据的模糊度固定主要是将消电离层组合模糊度分解为宽巷与窄巷模糊度的组合进行固定。

设测站 a 对卫星 s_1 的消电离层组合模糊度为 $N_{c,a}^{s_1}$,则

$$\lambda_c \cdot N_{c,a}^{s_1} = \frac{f_1^2 \cdot \lambda_1}{f_1^2 - f_2^2} N_{1,a}^{s_1} - \frac{f_2^2 \cdot \lambda_2}{f_1^2 - f_2^2} N_{2,a}^{s_1}$$

$$= \lambda_1 \cdot \left[\frac{f_1^2}{f_1^2 - f_2^2} N_{1,a}^{s_1} - \frac{f_1 \cdot f_2}{f_1^2 - f_2^2} N_{2,a}^{s_1} \right] \qquad (2\text{-}19)$$

$$\frac{f_1^2}{f_1^2 - f_2^2} N_{1,a}^{s_1} - \frac{f_1 \cdot f_2}{f_1^2 - f_2^2} N_{2,a}^{s_1} = \frac{f_1}{f_1 + f_2} N_{n,a}^{s_1} + \frac{f_1 \cdot f_2}{f_1^2 - f_2^2} N_{w,a}^{s_1} \qquad (2\text{-}20)$$

对于式(2-20),通过双差观测值进行宽窄巷模糊度固定,如式(2-16)所示。图 2-7 给出了双差模糊度固定算法流程。

双差模糊度固定后作为约束条件加入法方程解算可明显提高轨道精度,表 2-4 统计了 GPS 模糊度固定率和模糊度固定前后轨道精度变化。

卫星端和接收机端初始相位偏差及相关硬件延迟的存在,将会直接影响轨道等相关产品在导航定位中的应用。星间单差可以将接收机端 UPD 消去,卫星端 UPD 必须精确分离整数与小数部分。目前,UPD 一般通过网解的方法获得(Ge et al.,2008),具体原理如下:

设宽巷模糊度 $N_{a,w}^{s_1}$,其可为整数部分 $\hat{N}_{a,w}^{s_1}$ 与相应的卫星和测站 UPD 小数部分 $f_{w,r}$、$f_w^{s_1}$ 之和的形式,即

$$N_{a,w}^{s_1} = \hat{N}_{a,w}^{s_1} + f_{w,r} + f_w^{s_1} \qquad (2\text{-}21)$$

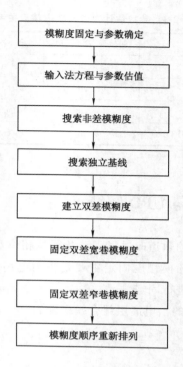

图 2-7　双差模糊度固定算法流程

表 2-4　模糊度固定前后 GPS 卫星轨道精度

		模糊度固定率/%	轨道精度/cm	
			模糊度固定前	模糊度固定后
实验	1	84	6	3
	2	82	5.8	3.7
	3	85	3.9	1.5

现假设某一测站(卫星)UPD 小数为零,或者某测站对所有的卫星 UPD 之和为零。根据研究可知(Ge et al.,2008),宽巷模糊度 UPD 一天内比较稳定,可对每颗卫星一天内只估计一个值。求解出宽巷 UPD 小数部分后,可估计窄巷 $N_{d,n}^{s_1}$,同样窄巷模糊度可表示为

$$N_{d,n}^{s_1} = \hat{N}_{d,n}^{s_1} + f_{n,r} + f_n^{s_1} \tag{2-22}$$

结合公式(2-19),同理可确定窄巷模糊度 UPD 的小数部分。图 2-8 给出了

非差宽巷 UPD 的确定过程。

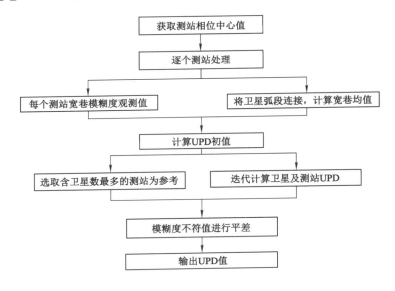

图 2-8　非差宽巷 UPD 计算

基于非差宽巷模糊度 UPD 的算法，输出了测站、卫星一天内的 UPD 变化序列，如图 2-9 所示。实验选取 2014 年（年积日 178）一天内 30 个测站数据，首先对单个测站做 PPP 处理，得到单个测站模糊度相关参数解；其次，组合宽巷模糊度，取整；最后，设置参考站，计算 UPD。

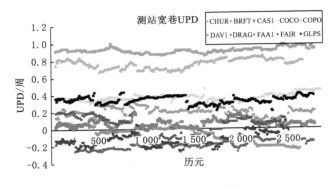

图 2-9　测站宽巷 UPD 估计

对于非差窄巷模糊度 UPD 的求解，其原理与非差宽巷 UPD 求解类似：即在非差无电离层观测值和已经求解的宽巷 UPD 的基础上，利用式（2-19）进行求解。需要注意的是:由于窄巷模糊度不稳定,其估计需要按单历元进行。具体实现方法如图 2-10 所示。

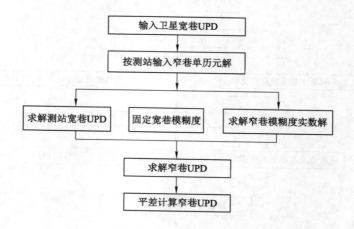

图 2-10　非差窄巷 UPD 计算

同样,图 2-11 给出了一天内的测站、卫星窄巷 UPD 变化序列图。

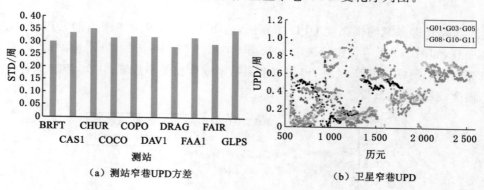

（a）测站窄巷UPD方差　　　　　（b）卫星窄巷UPD

图 2-11　测站/卫星窄巷 UPD 变化序列图

2.6　均方根信息滤波

在实时轨道钟差解算中,一般采用滤波进行单历元轨道钟差参数估计。目前,分析中心对于实时产品主要采用均方根信息滤波算法(SRIF)。该滤波算法具有稳定性好、截断误差小的特点,正被广泛运用于实时产品解算中。SRIF 是以 Householder 正交变换为基础的观测更新与时间更新的算法。其具体实现过程如图 2-12 所示。

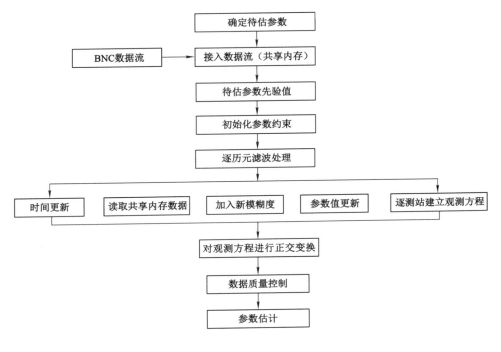

图 2-12 SRIF 参数估计

设初始状态信息与观测误差方程为：

$$\begin{cases} \hat{x}_0 = x + \hat{\varepsilon}_0 \\ v = Bx + \eta \end{cases} \tag{2-23}$$

设初始状态信息与观测噪声方程分别为 P_0、P，可将其分解为

$$\begin{cases} P_0 = R_0^{-1} R_0^{-T} \\ P = R_R^{-1-T} \end{cases} \tag{2-24}$$

将式(2-24)代入式(2-23)可得

$$\begin{cases} R_0 \cdot \hat{x}_0 = R_0 \cdot x + R_0 \cdot \hat{\varepsilon}_0 \\ R \cdot v = R \cdot Bx + R \cdot \eta \end{cases} \tag{2-25}$$

令 $z_0 = R_0 \cdot \hat{x}_0$，$\varepsilon'_0 = R_0 \cdot \hat{\varepsilon}_0$，$z = R \cdot v$，$A = R \cdot B$，$\eta' = R \cdot \eta$，则式(2-25)可表示为：

$$\begin{cases} z_0 = R_0 \cdot x + \varepsilon'_0 \\ z = A \cdot x + \eta' \end{cases} \tag{2-26}$$

对式（2-26）进行 Householder 变换，可得

$$H \cdot \begin{bmatrix} R_0 \\ A \end{bmatrix} x = H \cdot \begin{bmatrix} z_0 \\ z \end{bmatrix} + H \cdot \begin{bmatrix} \varepsilon'_0 \\ \eta' \end{bmatrix} \tag{2-27}$$

则上式可表示为

$$\begin{bmatrix} \hat{R}_0 \\ 0 \end{bmatrix} x = \begin{bmatrix} \hat{z}_0 \\ e \end{bmatrix} + \begin{bmatrix} \varepsilon_0 \\ \eta_e \end{bmatrix} \tag{2-28}$$

所以，对于上式求解可得：

$$\hat{x} = \hat{R}_0^{-1} \cdot \hat{z}_0 \tag{2-29}$$

其中参数 x 解的协方差 $\hat{P} = \hat{R}_0^{-1} \cdot \hat{R}_0^{-T}$。

式（2-29）即为 SRIF 中测量更新。如果在滤波过程中考虑过程参数时，则同样需对过程参数进行更新——状态更新，具体参见楼益栋博士论文（楼益栋，2008）。基于 SRIF 钟差解算精度如图 2-13 所示。

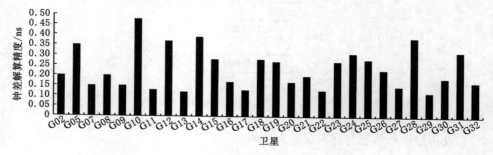

图 2-13　实时钟差解算精度

2.7　本章小结

本章对 GNSS 精密轨道确定过程中的一些基本原理进行了介绍，主要阐述了初轨确定、轨道积分、光压与偏航姿态、最小二乘参数估计、模糊度固定、UPD解算和均方根信息滤波。同时，通过简单的实例验证了相应的算法及实现过程。

3 一种基于观测方程 GDOP 值的优化选站模型

　　GNSS 地面跟踪站的分布对卫星轨道、钟差及地球自转参数等精度与时效性有重要影响(Zhang et al.,2015;胡超,2020)。随着多卫星系统导航技术应用领域的不断拓展,高精度位置服务对轨道等相关产品有严格的精度和时效性要求,这对分析中心的数据处理能力提出了巨大挑战(彭小强,2016)。具体原因有:首先,GNSS 分析中心处理的为多系统数据,截至 2015 年 6 月其卫星总数已经超过 74 颗。随着 GNSS 技术的发展,其处理的卫星数目将会进一步增加;其次,目前全球 GNSS 跟踪网包括 IGS、MGEX、iGMAS 和武汉大学的 BETN 等,网内总站数已经超过 500,GNSS 分析中心正面临处理海量观测数据的挑战。所以,为缓解分析中心数据处理的压力,提高数据处理效率,优化选择地面解算跟踪站是有必要的。

　　本章以卫星定轨建立的观测方程 GDOP 值最小作为准则,通过 SSS 模型筛选出定轨所需最优测站分布。首先,从理论上分析定轨最优和最少测站数;随后,通过网格分割放大法避免大量计算,初步确定最少测站全球位置分布;再通过累加计算出最优测站分布;最后通过大量数据实验验证此选站模型的可行性。

3.1 优化测站分布筛选 SSS 模型

3.1.1 GNSS 定轨最优测站数

　　在一定数目范围内,随着 GNSS 全球跟踪站数目的增加,其解算出的卫星轨道参数精度也会随之提高(刘伟,2005;柳景斌 等,2003);但伴随测站数目的增加,其数据处理时间也会随之增加。这对快速、超快速精密轨道产品时效性提出了挑战。在满足分析中心轨道产品精度条件下，确定最优测站分布，不仅可以避免解算过程中观测数据冗余，而且可以有效地提高运算效率。本节将从理论上分析并确定在 GDOP 值最小准则下 GNSS 卫星定轨最优测站数。

设在历元 t_k 时刻，测站与卫星之间的观测方程可表示为：

$$\rho_{t_k} = \rho_{t_k}^i + \Delta_{t_k} + \varepsilon_{t_k} \tag{3-1}$$

式中，ρ_{t_k} 为观测值，$\rho_{t_k}^i$ 为测站与卫星 j 的几何距离，Δ_{t_k} 为钟差、模糊度和地球自转等相关参数，ε_{t_k} 为观测噪声。

对观测方程线性化得：

$$\Delta\rho_{t_k} = A_k \cdot \Delta X + \varepsilon'_k \tag{3-2}$$

式中，A_k 为线性化系数矩阵，ε'_k 为噪声，ΔX 为地固坐标系中卫星位置改正，$\Delta\rho_{t_k}$ 为线性化后观测方程余项。

假设卫星总数为 n 颗，地面共有 m 个均匀分布测站参与解算，则系数矩阵 A_k 表示为：

$$A_k = \begin{bmatrix} \dfrac{\partial \rho_{t_k}^{s_1-r_1}}{\partial x_{t_k}^{s_1}} & \dfrac{\partial \rho_{t_k}^{s_1-r_1}}{\partial y_{t_k}^{s_1}} & \dfrac{\partial \rho_{t_k}^{s_1-r_1}}{\partial z_{t_k}^{s_1}} & \cdots & 0 & 0 & 0 \\ \vdots & \vdots & \vdots & & \vdots & \vdots & \vdots \\ \dfrac{\partial \rho_{t_k}^{s_1-r_m}}{\partial x_{t_k}^{s_1}} & \dfrac{\partial \rho_{t_k}^{s_1-r_m}}{\partial y_{t_k}^{s_1}} & \dfrac{\partial \rho_{t_k}^{s_1-r_m}}{\partial z_{t_k}^{s_1}} & \cdots & 0 & 0 & 0 \\ \vdots & \vdots & \vdots & & \vdots & \vdots & \vdots \\ 0 & 0 & 0 & \cdots & \dfrac{\partial \rho_{t_k}^{s_n-r_1}}{\partial x_{t_k}^{s_n}} & \dfrac{\partial \rho_{t_k}^{s_n-r_1}}{\partial y_{t_k}^{s_n}} & \dfrac{\partial \rho_{t_k}^{s_n-r_1}}{\partial z_{t_k}^{s_n}} \\ \vdots & \vdots & \vdots & & \vdots & \vdots & \vdots \\ 0 & 0 & 0 & \cdots & \dfrac{\partial \rho_{t_k}^{s_n-r_m}}{\partial x_{t_k}^{s_n}} & \dfrac{\partial \rho_{t_k}^{s_n-r_m}}{\partial y_{t_k}^{s_n}} & \dfrac{\partial \rho_{t_k}^{s_n-r_m}}{\partial z_{t_k}^{s_n}} \end{bmatrix} \tag{3-3}$$

式中偏导数可表示为：

$$\begin{cases} \dfrac{\partial \rho_{t_k}^{s_j-r_i}}{\partial x_{t_k}^{s_j}} = \dfrac{x_{s_j} - x_{r_i}}{\rho_{t_k}^{s_j-r_i}} \\[3mm] \dfrac{\partial \rho_{t_k}^{s_j-r_i}}{\partial y_{t_k}^{s_j}} = \dfrac{y_{s_j} - y_{r_i}}{\rho_{t_k}^{s_j-r_i}} \\[3mm] \dfrac{\partial \rho_{t_k}^{s_j-r_i}}{\partial z_{t_k}^{s_j}} = \dfrac{z_{s_j} - z_{r_i}}{\rho_{t_k}^{s_j-r_i}} \end{cases} \tag{3-4}$$

上式 s_j 和 r_i 分别对应 t_k 历元的第 j 号卫星与第 i 个测站，$\rho_{t_k}^{s_j-r_i}$ 为第 t_k 历元卫星与测站间几何距离，$(x_{s_j}, y_{s_j}, z_{s_j})$ 和 $(x_{r_i}, y_{r_i}, z_{r_i})$ 分别对应第 k 历元卫星 j 与测站 i 在同一坐标系中的坐标。设

$$a_i = (a_{i1} \quad \cdots \quad a_{ij} \quad \cdots \quad a_{im})^{\mathrm{T}} \tag{3-5}$$

式中

$$a_{ij} = \begin{bmatrix} \dfrac{\partial \rho_{t_k}^{s_j-r_j}}{\partial x_{t_k}^{s_i}} & \dfrac{\partial \rho_{t_k}^{s_j-r_j}}{\partial y_{t_k}^{s_i}} & \dfrac{\partial \rho_{t_k}^{s_i-r_j}}{\partial z_{t_k}^{s_i}} \end{bmatrix} \tag{3-6}$$

则

$$A_k = \begin{bmatrix} a_1 & & & & \\ & \ddots & & & \\ & & a_i & & \\ & & & \ddots & \\ & & & & a_n \end{bmatrix} \tag{3-7}$$

则

$$A_k^{\mathrm{T}} A_k = \begin{bmatrix} a_1^{\mathrm{T}} a_1 & & & & \\ & \ddots & & & \\ & & a_i^{\mathrm{T}} a_i & & \\ & & & \ddots & \\ & & & & a_n^{\mathrm{T}} a_n \end{bmatrix} \tag{3-8}$$

则

$$(A_k^{\mathrm{T}} A_k)^{-1} = \begin{bmatrix} (a_1^{\mathrm{T}} a_1)^{-1} & & & & \\ & \ddots & & & \\ & & (a_i^{\mathrm{T}} a_i)^{-1} & & \\ & & & \ddots & \\ & & & & (a_n^{\mathrm{T}} a_n)^{-1} \end{bmatrix} \tag{3-9}$$

可以证明（薛树强 等，2014），矩阵 $(a_i^{\mathrm{T}} a_i)^{-1}$ 迹最小值可表示成下式：

$$\min(\mathrm{tr}[(a_i^{\mathrm{T}} a_i)^{-1}]) = \frac{3}{\sqrt{m}} \quad (m \text{ 为矩阵的维数}) \tag{3-10}$$

则对于弧段为一天的设计矩阵可得：

$$A = \begin{bmatrix} A_1 & & & & \\ & \ddots & & & \\ & & A_k & & \\ & & & \ddots & \\ & & & & A_s \end{bmatrix} \quad (3-11)$$

则 GDOP 值可表示为：

$$\text{GDOP} = \sqrt{\text{tr}\,(A^\mathrm{T}A)^{-1}} \quad (3-12)$$

下面给出单天弧段 GDOP 最小值表达式：

$$(A^\mathrm{T}A)^{-1} = \begin{bmatrix} (A_1^\mathrm{T}A_1)^{-1} & & & & \\ & \ddots & & & \\ & & (A_k^\mathrm{T}A_k)^{-1} & & \\ & & & \ddots & \\ & & & & (A_s^\mathrm{T}A_s)^{-1} \end{bmatrix} \quad (3-13)$$

由上式可得：

$$\min[\text{tr}\,(A^\mathrm{T}A)^{-1}] = \frac{3n}{\sqrt{m}} \times s\,(n\,\text{为卫星数}, m\,\text{为测站数}) \quad (3-14)$$

对上式求导：

$$\{\min[\text{tr}\,(A^\mathrm{T}A)^{-1}]\}' = -\frac{3}{2}n \cdot s \cdot m^{-\frac{3}{2}} \quad (3-15)$$

上式在不考虑系数情况下，得到 GDOP 变化率与测站数目之间关系，如图 3-1 所示。

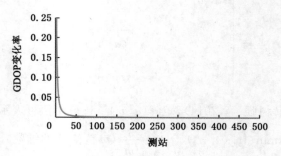

图 3-1　GDOP 变化率与测站数目关系

在全球测站分布均匀的情况下，随着测站数目的增加，相应的 GDOP 值随之减小，但其变化率随着测站增加到一定的数目时接近于零，测站增加对

GDOP 贡献率也随之减少。从图 3-1 中可知，当全球均匀分布一定数目的测站时即可满足定轨精度需求。但实际定轨过程中，考虑数据质量和测站实际分布不均匀性，可适当增加若干个地面跟踪站，以达到定轨最优测站数目。

3.1.2　参数法确定定轨最小测站数

为了初步求解卫星轨道，并以此为基础进一步增加测站观测数据，需对定轨最小测站数进行研究。目前，关于 GNSS 卫星精密定轨地面跟踪站最小测站数目及分布的研究较少。本节从 GNSS 精密定轨观测方程出发，在满足线性无关方程数目大于未知数（参数）数目的条件下，从方程待求参数角度（参数法）确定定轨最小测站数。当前，GNSS 分析中心产品中待求参数主要有：卫星轨道、卫星钟差、接收机钟差、地球自转参数、测站坐标、对流层和模糊度参数等。

现有的估计策略如表 3-1 所示。

表 3-1　分析中心参数估计策略

卫星数目	N
测站平均跟踪卫星个数	b
估计轨道弧段	d 天观测弧段
采样间隔	300 s
测站数目	X 个
对流层	每小时估计一次
模糊度参数	平均时长 2 h 一组
卫星钟	N（每颗卫星一个）
接收机钟	X（每个测站一个）

在全球测站分布均匀的条件下，建立参数不等式，其可表示为：

$$N \times (6+5) + (N+X-1) \times (d \times 86\,400)/300 +$$
$$(d \times 86\,400)/3\,600 \times X + (d \times 86\,400)/7\,200 \times X + \qquad (3\text{-}16)$$
$$3 + 3 \times X \leqslant (d \times 86\,400)/300 \times b \times X$$

上式即为参数法确定最小测站数表达式。从上式可以看出，在全球测站分布均匀的情况下，由不等式解出的 X 可满足初步定轨的需要，即可初步确定定轨最小测站数。需要指出的是，上式没有考虑 GLONASS 系统的频间偏差等参数以及其他误差等影响。当定轨卫星中含 GLONASS 卫星时，则根据条件加入相应的参数求解最小定轨地面测站数目。

3.1.3　网格法确定最少测站分布

　　确定 GNSS 精密定轨的最小测站数目之后,通过网格法分析最少测站分布。网格法的基本思想是将全球划分成若干个网格,用网格点代替测站进行近似筛选,达到优化计算量的目的。现假设基本测站数为 n,全球分布的测站为 500,则计算 GDOP 值最小一组组合至少需要计算 C_{500}^n 次。显然当 $n > 4$ 时,需要的筛选组合已超过 1 亿次。就时效性和计算机的数据处理能力来说无现实意义和可行性。为了简化选站计算和提高计算效率,现提出网格法筛选最少测站分布。

　　所谓网格法选站,即通过全球区域网格放缩的方法简化选站工作,其基本思路如下:

　　(1) 将全球(经度 $0 \sim 360°$,纬度 $-90° \sim +90°$)划分为 $k° \times k°$(k 为所划分网格跨度)的等值线网格,提取网格点的大地经纬度;

　　(2) 计算出所要精密定轨卫星相对于每个网格点每个历元高度角;

　　(3) 剔除网格点周围无测站且位于海洋的网格点(剩余 M 个网格点);

　　(4) 在剩余的网格点中计算出与最少测站数相同的 GDOP 值最小的一组组合的网格点分布;

　　(5) 在计算出的网格点附件搜索出离网格点最近的测站点作为定轨最少站点位置分布。

　　运用网格法的优点是:通过网格划分,剔除无意义的点,减少筛选点的数目,避免大量的数据计算,使最少测站点选取成为可能;网格划分加快了选站速率,其所选的测站点为最优或次优最少测站点分布。

3.1.4　迭代累加优化选站

　　迭代累加优化选站思想为根据计算出的最优测站个数和已确定的最少测站分布,以 GDOP 值最小为准则,进行逐个测站循环累加,最终获得分析中心筛选后的测站列表的方法。其基本流程见图 3-2。优化选站即首先通过参数法与全球网格划分,筛选 GDOP 最优的组合,确定出 GNSS 卫星定轨最小测站数及其全球分布;在循环累加选站开始前,为了提高选站计算效率,需对测站进行预处理,其主要思想类似于网格法。本节采用 $s° \times s°$ 网格将全球分割成若干小区域;对于同一区域只保留一个测站点,被剔除的测站在定轨过程中作为备选测站;这样在一定范围保证了测站均匀性,避免了选站时不必要的数据冗余;在最小测站数的基础上,逐步循环找出 GDOP 最优的站点,并以此站点作为下步循环的已知站点,这样逐步循环累加,直到选出的测站数目达到最优测站数目。通过上述方法(SSS),可对全球分布不均匀的站点进行定轨最优测站筛选。下面通过实验验证此方法的可行性。

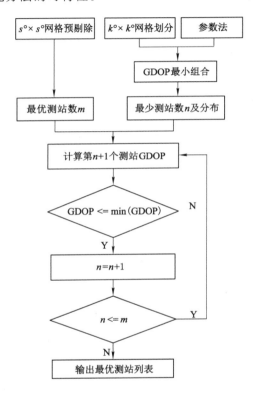

图 3-2 优化选站流程图

3.2 优化选站实验

本节以 GPS 作为计算精密轨道最优测站实验卫星系统。通过计算得到全球均匀分布测站最优测站数为 62 个。考虑数据质量问题和测站不均匀分布的现状,适当增加若干个测站(通过计算可知,实验在 62 个测站的基础上增加 10 个测站可满足最优分布)。由参数不等式(3-16)可知,设地面测站平均可见卫星数为 7 颗,则 30 颗卫星(其余 2 颗无数据)至少需要 6 个地面跟踪站。实验数据处理平台为分析中心连续运行工作站,观测数据取分析中心 2015 年连续六天(年积日为第 175~180 天)可下载到的 306 个全球分布的 IGS 跟踪站天观测数据(超快速和快速用小时合并数据)。

3.2.1　网格法确定最少测站数

计算可得全球 40°×40°网格为本实验确定最少测站最优划分法;划分后全球 45 个网格点中,考虑到实际测站的分布,剔除网点周围无测站且位于水面的点,初步筛选 GDOP 值最小的 6 个网格点。在选出的 6 个网格点附近搜索距离网格点最近的 6 个地面跟踪站作为最少测站分布,见表 3-2 与图 3-3。

表 3-2　最小测站位置

测站	经度	纬度
AUKT	174.77E	35.15S
OHI3	57.90W	62.67S
SUTM	20.81E	31.61S
NKLG	9.67E	0.35N
BILB	166.45E	68.06N
WHIT	135.22W	60.75N

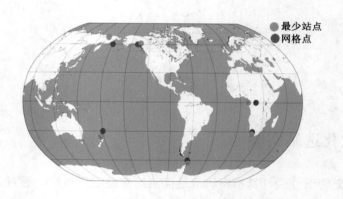

● 最少站点
● 网格点

图 3-3　最优网格点及最少测站分布

3.2.2　迭代累加筛选最优测站

同上,本实验测站预剔除全球最优划分网格为 $5° \times 5°$。在确定的 6 个地面跟踪站基础上进行逐步累加,循环计算得到 GDOP 值最小测站列表,筛选结果如图 3-4 所示。筛选过程中,随着测站数目的累加,GDOP 值变化曲线如图 3-5 所示[理论 GDOP 值与实验 GDOP 值分别为式(3-14)计算结果与循环筛选实验结果,图中略去 3 000 左右系统误差]。图 3-5 中,GDOP 值随着测站数目的增加逐渐减小,变化率趋缓;当测站数目达到一定数目时,实验 GDOP 值与理论值保持一致,二者曲线最终重合。

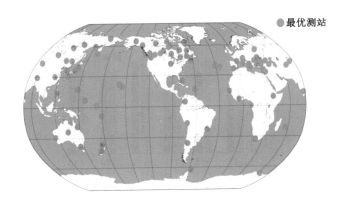

●最优测站

图 3-4　筛选出的最优测站分布

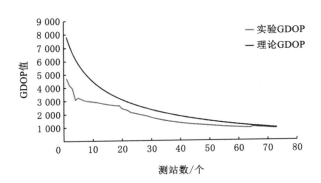

图 3-5　实验 GDOP 值与理论 GDOP 值对比

3.2.3 精密定轨实验

本节定轨实验基于武汉大学开发的高精度导航定位数据处理分析软件（PANDA）。利用筛选出的测站进行定轨实验，对比筛选前后参数解算精度与时效性，以评估本节提出的选站模型有效性。图 3-6 与图 3-7 为 SSS 模型选出的最优测站对 GPS 卫星定轨精度、处理时间与所有测站定轨精度、处理时间结果对比。从图中可以看出，采用 SSS 模型选出的测站定轨精度可达到所有测站同时处理精度的 90% 水平，处理时间约为所有测站同时处理时间的 50%；图3-8 为任意选取与最优测站数目相同的测站数进行相同条件下的定轨实验，其定轨精度约为最优测站数定轨精度的 40%。

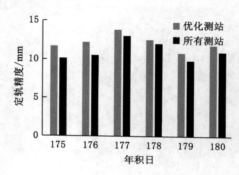

图 3-6　最优选站定轨精度与所有测站定轨精度对比

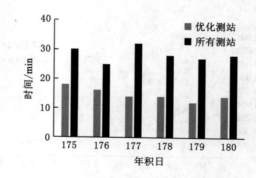

图 3-7　最优选站处理时间与所有测站处理时间对比

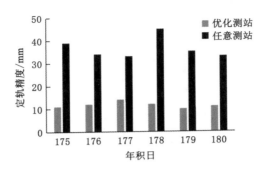

图 3-8　最优测站与任意测站定轨精度对比

3.2.4　通用方法结果对比

为验证本书提出的选站模型优势,针对 GNSS 分析中心生成快速与超快速产品的解算策略,同时考虑数据源更新和产品时效性,对比本书选站模型与分析中心通用策略。分析中心解算产品通用选站策略如表 3-3 所示。

表 3-3　分析中心地面测站选择策略

类型	测站可用/个	时效性/h	策略	优化选站数/个
超快速	75	2	整体解算	62
快速	112	13	均匀分布80个	72

为了进一步验证 SSS 模型的可行性,对超快速和快速连续六天可获得的测站进行筛选,图 3-9～图 3-12 分别为针对分析中心快速、超快速采用 SSS 模型选取的测站与通用方法选取的测站的解算精度与时间对比。

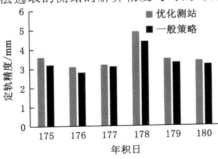

图 3-9　超快速轨道最优测站与任意测站定轨精度对比

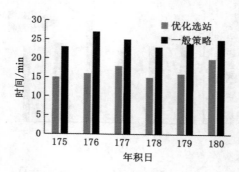

图 3-10　超快速轨道最优选站与一般策略解算时间对比

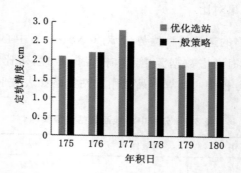

图 3-11　快速轨道最优测站与任意测站定轨精度对比

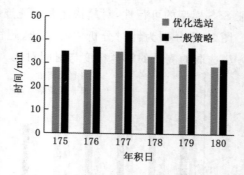

图 3-12　快速轨道最优选站与一般策略解算时间对比

3.3　本章小结

通过对分析中心连续六天下载的全球 IGS 跟踪站数据进行 SSS 筛选最优测站,并用选出的测站进行定轨实验。在选站过程中,实验 GDOP 值曲线与理论值保持一致,随着测站数目的增加,GDOP 值变化趋于零,验证了随着测站数目的增加,测站对 GDOP 贡献逐渐趋缓的结论。通过对比轨道精度和时效性可以看出,最优测站定轨精度与所有测站同时解算精度相当(90%);最优测站处理所需时间约为所有测站同时处理所需时间的 50%。同时通过任意选取与选出的测站数目相同的测站数进行定轨实验,发现任意选站的定轨精度只有最优测站定轨精度的 40% 左右。另外,通过对比超快速和快速产品的通用解算方法,实验结果表明:SSS 模型所选出的最优测站分布与通用方法计算出的卫星轨道精度相当,计算时间节约 20% 左右,这有助于分析中心适当推迟产品解算时间而增加可选择的测站数据。所以,针对全球跟踪站分布不均匀的现状和对定轨精度、时效性的要求,在现有的数据处理能力的基础上,利用 SSS 模型进行优化选站对 GNSS 分析中心数据处理具有重要意义。

目前,全球可跟踪接收北斗和 Galileo 数据的测站数目相对较少,但 SSS 模型可作为新建测站选址的一种简单而可靠的策略。随着 GNSS 技术的发展,地面跟踪站也会随之逐渐增加。SSS 模型可有效解决数据冗余问题,提高数据处理效率。

4 ERP 对超快速预报轨道的影响及其修正方法

  当前,GNSS 分析中心以及产品综合中心不间断地向高精度 GNSS 用户提供最终、快速、超快速精密轨道产品,例如 IGS 延迟 3 h 超快速产品。随着 GNSS 技术的拓展,超快速预报轨道产品作为近实时或者实时用户的必要的定位产品,其精度直接影响用户的定位。国内,iGMAS 提供的超快速轨道产品精度要求可查阅相关网站(http://124.205.50.178/);国外,IGS 提供的超快速轨道 6 h WRMS 为 21 mm,平均值为 16 mm。对于实时用户而言,轨道误差将会影响定位过程中模糊度固定(Teunissen et al.,1999)。同时,由于轨道误差的积累,对于超快速轨道,需要选择合理的预报弧长才能满足精度需要(Stacey et al.,2011)。目前,超快速轨道预报算法已经趋于成熟,但轨道 3D RMS 随着时间增加其误差是不可避免的。

  超快速轨道预报过程中,考虑不同摄动模型的精化以提高轨道预报精度。地球定向参数(earth orientation parameter,EOP)作为部分摄动模型输入参数间接地影响卫星轨道。因为 EOP 中的岁差与章动可通过模型精确的预报得到(Mccarthy et al.,1991),所以,ERP(不含岁差与章动)对轨道预报模型影响需要详细研究。Kouba 介绍了 ERP 中的 sub-daily 效应,其可用线性函数表示其一天内短时间变化。Kalarus 等总结了 2005 年 10 月的 EOP 预报竞赛结果,并归纳了不同 EOP 预报模型,其得出的主要结论是:单一技术预报 EOP 无论是多长预报间隔还是预报参数个数都不能达到最优(Kalarus et al.,2010)。并且,分析中心 ERP 预报主要基于简单的连续分段函数模型,其认为预报的 ERP 随时间线性变化。

  由于 GNSS 分析中心无法实时获得高精度的 ERP 值,超快速轨道预报部分一般采用 IERS 发布的 ERP 预报值作为输入参数。这将不可避免地将误差引入超快速预报轨道中。基于轨道预报过程,影响轨道预报精度的因素主要分为轨道积分过程与轨道坐标转换过程。其中,轨道从天球坐标系旋转至地固坐标系的过程引起的误差起主要作用。为了提高预报轨道的精度,必须研究 ERP 误差对超快速预报轨道的影响及其修正。

本章将从预报 ERP 精度及其对应的轨道精度、轨道积分过程和坐标转换过程三个角度分析 ERP 预报误差对超快速预报轨道的影响;其次,提出一种轨道实时修正算法,可以实时修正由于 ERP 误差而导致的超快速轨道误差的方法;最后,将针对不同的卫星系统,通过大量实验数据分析 ERP 预报误差对超快速预报轨道的影响及其修正效果。

4.1　ERP 预报精度

ERP 参数由三个随时间变化的旋转角组成:极移方向表示为 X-polar、Y-polar,世界时 UT1-UTC。ERP 是天球坐标系与地固坐标系之间转换的参数。由于计算延时,目前国际权威组织发布的 ERP 参数还不能达到实时的目标。因此,短周期的 ERP 预报被广泛应用于实时应用中,如飞行器跟踪与导航等。预报 ERP 是超快速预报轨道的前提条件,目前许多学者做了大量高精度 ERP 预报研究,也得到了一些有益的结果(Kosek et al.,2007;Akulenko et al.,2002)。

目前,ERP 产品主要有 IERS 快速服务/预报中心(Mccarthy et al.,1991)和 EOP 中心提供的 Bulletin-A 和 Bulletin-B。Bulletin-B 中不含有 ERP 预报部分;Bulletin-A 中含有天更新的和周更新的两类产品(天更新的产品共包含 90 天的 ERP 值和 15 天预报值;周更新的产品包含 360 天的预报值,其观测部分经过极移补偿平滑)。IGS 超快速产品同样提供 24 h 的 ERP 预报值及其速度值。为了研究 ERP 预报误差对导航卫星轨道的影响,IERS 与 IGS 发布的预报 ERP 精度需要做进一步分析。

选取 IERS 08 C04(儒略日 57696 至 57730)为参考值,提取 Bulletin-A 中一天预报值。同样,选取 IGS 最终 ERP 值为参考,从儒略日 57755 到 57803 提取超快速预报 ERP。图 4-1 给出了预报 ERP 精度。

当考虑 IGU 产品中速度时,可以计算出一天内任意时刻的 ERP 预报值以取代线性插值。由于 UT1-UTC 相对较稳定,暂时不考虑该项。图 4-2 列出了利用速度求解 ERP 精度。表 4-2 列出了不同 ERP 预报产品精度。

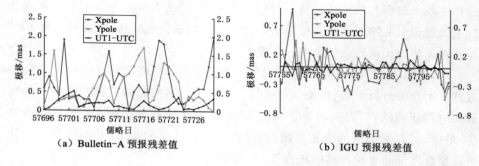

（a）Bulletin-A 预报残差值　　　　　　（b）IGU 预报残差值

图 4-1　Bulletin-A 与 IGU 预报的 ERP 精度

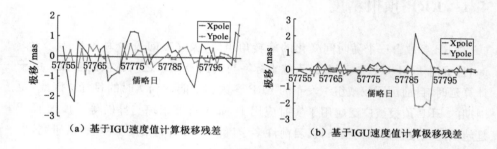

（a）基于IGU速度值计算极移残差　　　　（b）基于IGU速度值计算极移残差

图 4-2　基于 IGU 速度值求解 ERP 精度

表 4-1　不同 ERP 预报产品精度

	Predicted	Xpole/mas	Ypole/mas	UT1-UTC/ms
no rate	Bulletin-A	0.542	0.477	0.124
	IGU	0.319	0.259	0.160
rate	Bulletin-A	0.227	0.334	—
	IGU	0.827	0.462	—

综上可以看出，IGS 预报的一天 ERP 精度高于 IERS 精度。当将 ERP 速度代入求解 ERP 精度时，Bulletin-A 更接近速度求解后的值。所以，不管将哪种 ERP 预报值代入轨道预报不能避免误差的存在。结果显示，极移方向一天的误差可达到 0.2 mas，UT1-UTC 可达到 0.12 ms。下面将分析 ERP 误差对预报轨道的影响。为了理解 ERP 误差对预报轨道的影响，选用 GFZ 快速星历作为算例。首先，利用 Bulletin-B 发布的 ERP 拟合一组轨道初始状态参数和相应的状态转移矩阵；接着，基于轨道初值积分两天弧段的轨道，其中，第二天的

ERP 参数利用 Bulletin-A 发布的预报值；最后对比 GFZ 星历与积分轨道之间的残差，其结果如图 4-3 所示。

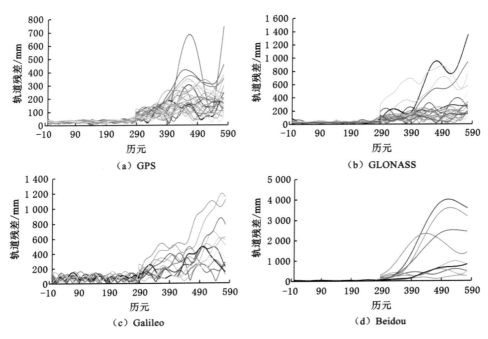

图 4-3　GNSS 轨道随时间残差变化

毫无疑问，随着弧长的增加预报的 ERP 精度逐渐变差。针对不同的导航系统，可以清楚地发现在预报和解算的边界处出现了残差增大的现象。表 4-2 列出了预报轨道均方根误差（RMS），该精度去除了拟合轨道的残差值。结果显示，GPS 轨道 6 h 预报精度超过 5 cm，24 h 预报精度超过 11 cm。所以，尽管目前 ERP 与轨道预报被认为是已经成熟的算法，但是事实说明对于 ERP 引起的轨道误差仍需要进一步研究。

表 4-2　预报 6 h 和 24 h 轨道 RMS

	RMS/cm	
	6 h	24 h
Beidou(GEO)	506.6	2 825.3
Beidou(IGSO/MEO)	24.1	97.9

表 4-2（续）

	RMS/cm	
	6 h	24 h
GPS	5.5	11.4
GALILEO	10.8	24.7
GLONASS	8.2	15.8

考虑到目前的 ERP 分辨率为 1 天，所以想得到某一时刻的 ERP 值必须通过插值的方法或者通过 IGU 提供的速度值求解。本质上近似 ERP 一天内的变化为线性函数。但是，这种近似是否正确或者短时间内是否正确？为了验证利用线性函数插值 ERP 的可靠性，下面设计了一组实验。

验证过程采用两个实验：① 由于 IGS 超快速提供的 ERP 值一般为一天的中间时刻，同时可以获得相应的速度值。假设 IGS 和 IERS Bulletin-B 发布的 ERP 值为真值，所以一天的 ERP 观测值被分解为 12 h 分辨率，这样可以进行线性验证；② 基于分析定轨，得到 6 h 分辨率的 ERP 值，由于采用事后处理，可认为解算出的 ERP 误差忽略不计。通过上述两个实验，可以得到 24 h、12 h 和 6 h 分辨率的 ERP 值。图 4-4 列出了不同分辨率 ERP 线性拟合趋势线。

实验结果显示，一天内 ERP 在一定程度上可以认为是线性变化的，长周期的变化趋势不是本书研究内容。当增加时间分辨率时，相关系数变小，表明 ERP 并不是严格按照线性趋势变化的（表 4-3）；但是，相关系数变化率减小，这可以说明 ERP 误差可以被视为短时间线性变化。

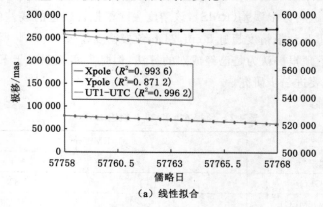

（a）线性拟合

图 4-4　不同分辨率 ERP 线性拟合

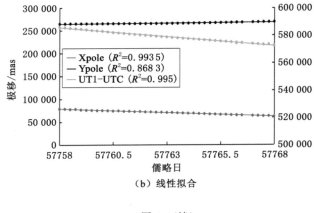

（b）线性拟合

图 4-4（续）

表 4-3　不同分辨率 ERP 线性相关性 R^2

	R^2		
	Xpole	Ypole	UT1-UTC
24 h	0.997 6	0.893 1	0.996 8
12 h	0.993 6	0.871 2	0.996 2
6 h	0.993 5	0.868 3	0.995 0

4.2　轨道积分过程误差分析

卫星轨道确定主要由两部分组成：动力学定轨与观测数据轨道改进。其中，动力学定轨存在一个轨道积分过程，即根据一个初始轨道空间状态向量和相应的状态转移矩阵求解任意时刻卫星空间状态过程。王正涛等（2009）指出 ERP 误差在积分过程中对轨道的影响可以忽略不计，但并没有理论或实验证明，下面将对其进行分析。设非差观测方程如下：

$$L = f(X_r \quad X_c \quad X_\rho \quad N \quad X_0 \quad X_{ERP}) \tag{4-1}$$

式中，X_r、X_c、X_ρ、X_{ERP}、N 分别为测站坐标、钟差（卫星/测站）、对流层天顶方向折射参数、ERP 参数和整周模糊度参数，X_0 为轨道空间初始状态参数。GNSS 精密轨道确定过程中轨道初始状态参数决定着轨道的精度，基于初始空间状态参数的积分过程第二章已阐述，现简要表示如下（Montenbruck et al.，2012）。

令初始时刻卫星状态参数为：

$$X_0 = (r_0, \dot{r}_0, p_0)^{\mathrm{T}} \tag{4-2}$$

式中，r_0、$\dot{r}_0$、p_0 为卫星初始的位置、速度和力学参数。

则卫星任意时刻状态参数为：

$$\begin{cases} X = \varphi(t, t_0) X_0 \\ X|_{t_0} = X_0 \end{cases} \tag{4-3}$$

式中，$\varphi(t, t_0)$ 为状态转移矩阵，即任一时刻卫星状态参数可通过卫星的轨道初值得到。在轨道状态初值足够准确的条件下，通过轨道积分得到任意时刻天球坐标系下的轨道状态。积分过程基于力学摄动模型（光压、引力和海潮改正等），所以模型误差势必影响卫星轨道精度。对于超快速轨道预报部分而言，由于无法实时获得准确的 ERP 参数，一般采用 IERS 发布的 ERP 预报值作为超快速轨道预报积分过程的地球自转参数（Stamatakos et al., 2009）。地球自转参数主要作为力学模型的输入参数，其误差在积分过程中可通过摄动模型（海潮、固体潮和非球形引力等）间接地影响轨道预报精度。

ERP 预报误差在积分过程中主要通过海潮摄动、固体潮摄动、地球非球形引力摄动、地球反照辐射摄动和大气阻力摄动等间接地影响卫星轨道。其中，由于 GNSS 卫星轨道较高，积分过程中一般忽略大气阻力摄动的影响。同时，已有研究表明，地球反照辐射对卫星轨道的误差为系统性的（Rodriguez-Solano et al., 2012），这种误差可通过七参数转换很好地消去（施闯 等，2008）。并且，最新的固体潮改正模型中已不再涉及 ERP 参数。对于海潮摄动模型，只有 UT1-UTC 项是谐函数改正项的参数，ERP 预报误差引起的地球非球形引力带谐项改正和田谐项改正量级可忽略不计。所以，这里主要分析地球非球形引力摄动中的 ERP 误差影响，具体如下（Groves et al., 1960）：

$$T = \frac{GM}{r} \sum_{n=2}^{N} \sum_{m=0}^{n} \left(\frac{a}{r}\right)^n (\overline{C}_{nm} \cos m\lambda + \overline{S}_{nm} \sin m\lambda) \overline{P}_{nm}(\sin \varphi) \tag{4-4}$$

式中，(r, φ, λ) 为卫星在地固坐标系中的球坐标，a 为地球赤道平均半径，$\overline{C}_{nm}$、$\overline{S}_{nm}$ 为规格化位系数，$\overline{P}_{nm}(\sin \varphi)$ 为规格化的缔合勒让德函数，N 为地球引力位系数的最大阶次。将式（4-4）对卫星在地固系中的直角坐标求偏导，可求得扰动位 T 产生的摄动加速度。

由上式可知，当 ERP 存在误差时，主要通过三部分对轨道产生影响：① 将天球坐标系下的卫星位置转换至地固坐标系下的 (r, φ, λ)；② ERP 误差将直接影响 $\overline{C}_{nm}$、$\overline{S}_{nm}$，进而影响摄动力；③ 将摄动加速度转换至天球坐标系，由于 ERP

存在误差,旋转矩阵必然存在误差。

地固坐标系下地球非球形引力位摄动加速度可表示为(Pavlis et al., 2012):

$$
\vec{f}_{\mathrm{ECEF}} = \begin{bmatrix} \dfrac{\partial T}{\partial x} \\[2mm] \dfrac{\partial T}{\partial y} \\[2mm] \dfrac{\partial T}{\partial z} \end{bmatrix} = \begin{bmatrix} \dfrac{\partial T}{\partial r}\cos\varphi\cos\lambda + \dfrac{\partial T}{\partial\varphi}\cos\varphi\sin\lambda + \dfrac{\partial T}{\partial\lambda}\sin\varphi \\[3mm] -\dfrac{\partial T}{\partial r}\cdot\dfrac{1}{r}\sin\varphi\cos\lambda - \dfrac{\partial T}{\partial\varphi}\cdot\dfrac{1}{r}\cos\varphi\sin\lambda + \dfrac{\partial T}{\partial\lambda}\cdot\dfrac{1}{r}\cos\varphi \\[3mm] -\dfrac{\partial T}{\partial r}\cdot\dfrac{1}{r\cos\varphi}\sin\lambda + \dfrac{\partial T}{\partial\varphi}\cdot\dfrac{1}{r\cos\varphi}\cos\lambda \end{bmatrix}
$$

$$(4\text{-}5)$$

式(4-5)中

$$
\begin{bmatrix} \dfrac{\partial T}{\partial r} \\[2mm] \dfrac{\partial T}{\partial\varphi} \\[2mm] \dfrac{\partial T}{\partial\lambda} \end{bmatrix} = \begin{bmatrix} -\dfrac{GM}{r^2}\displaystyle\sum_{l=2}^{\infty}\sum_{m=0}^{l}(l+1)\left(\dfrac{a}{r}\right)^l \overline{P}_{lm}\cdot(\sin\varphi)(\overline{C}_{lm}\cos m\lambda + \overline{S}_{lm}\sin m\lambda) \\[4mm] \dfrac{GM}{r}\displaystyle\sum_{l=2}^{\infty}\sum_{m=0}^{l}\left(\dfrac{a}{r}\right)^l \dfrac{\mathrm{d}\overline{P}_{lm}(\sin\varphi)}{\mathrm{d}\varphi}(\overline{C}_{lm}\cos m\lambda + \overline{S}_{lm}\sin m\lambda) \\[4mm] \dfrac{GM}{r}\displaystyle\sum_{l=2}^{\infty}\sum_{m=0}^{l}\left(\dfrac{a}{r}\right)^l \overline{P}_{lm}\cdot(\sin\varphi)(\overline{C}_{lm}\sin m\lambda + \overline{S}_{lm}\cos m\lambda) \end{bmatrix}
$$

$$(4\text{-}6)$$

将非球形引力加速度转换至天球坐标系,则

$$\vec{f} = [Q][R][W]\cdot\vec{f}_{\mathrm{ECEF}} \tag{4-7}$$

式中 Q、R、W 分别为岁差/章动旋转矩阵、地球自转矩阵和极移矩阵。

令

$$
[W]^{-1}[R]^{-1}[Q]^{-1}\begin{bmatrix} x_j \\ y_j \\ z_j \end{bmatrix} = \begin{bmatrix} x' \\ y' \\ z' \end{bmatrix} \tag{4-8}
$$

式中 $(x_j, y_j, z_j)^{\mathrm{T}}$ 为天球坐标系下卫星空间位置,式(4-5)中

$$
\begin{cases} \varphi = \arctan\dfrac{z'}{\sqrt{x'^2 + y'^2}} \\[3mm] r = x'^2 + y'^2 + z'^2 \\[3mm] \lambda = \arctan\dfrac{y'}{x'} \end{cases} \tag{4-9}
$$

由于预报 ERP 存在误差,式(4-9)中 r、φ、λ 存在相应的误差,考虑式(4-5)、式(4-6)有

$$\vec{f}'_{\text{ECEF}} = \vec{f}_{\text{ECEF}} + \begin{bmatrix} \dfrac{\partial T}{\partial r}(-\Delta\varphi\sin\varphi\cos\lambda - \Delta\varphi\sin\lambda\cos\varphi) + \\[2mm] \dfrac{\partial T}{\partial \varphi}(-\Delta\varphi\sin\varphi\sin\lambda + \Delta\lambda\cos\lambda\cos\varphi) + \dfrac{\partial T}{\partial \lambda}(\Delta\varphi\cos\varphi) \\[2mm] \dfrac{\partial T}{\partial r}\cdot\dfrac{1}{r}(\Delta\lambda\sin\lambda\sin\varphi - \Delta\varphi\cos\varphi\cos\lambda) + \\[2mm] \dfrac{\partial T}{\partial \varphi}\cdot\dfrac{1}{r}(\Delta\varphi\sin\varphi\sin\lambda - \Delta\lambda\cos\lambda\cos\varphi) - \dfrac{\partial T}{\partial \lambda}\cdot\dfrac{1}{r}(\Delta\varphi\cos\varphi) \\[2mm] -\dfrac{\partial T}{\partial r}\cdot\dfrac{1}{r}\cdot\dfrac{\Delta\lambda\sin\lambda}{\cos\varphi} + \dfrac{\partial T}{\partial \varphi}\cdot\dfrac{1}{r}\cdot\dfrac{\Delta\lambda\sin\lambda}{\cos\varphi} \end{bmatrix}$$

$$(4\text{-}10)$$

式(4-10)右边第二项为微小量,为了便于后续分析,此处将天球坐标系转换至地固坐标系时由于卫星位置误差引起的地固坐标系中的误差省略,即

$$\vec{f}'_{\text{ECEF}} \approx \vec{f}_{\text{ECEF}} \tag{4-11}$$

则式(4-7)关于 ERP 参数$(x_p, y_p, \theta_{\text{UT1-UTC}})$一阶泰勒展开可得

$$\vec{f} = [Q][R]_0 [W]_0 \cdot (\vec{f}'_{\text{ECEF}})_0 + [Q]\cdot\frac{\partial R}{\partial \theta_{\text{UT1-UTC}}}\cdot[W]_0\cdot(\vec{f}'_{\text{ECEF}})_0\cdot d\theta_{\text{UT1-UTC}} +$$

$$[Q][R]_0\cdot\frac{\partial W}{\partial x_p}\cdot(\vec{f}'_{\text{ECEF}})_0\cdot dx_p + [Q][R]_0\cdot[W]_0\cdot\frac{\partial(\vec{f}'_{\text{ECEF}})}{\partial x_p}\cdot dx_p +$$

$$[Q][R]_0\cdot\frac{\partial W}{\partial y_p}\cdot(\vec{f}'_{\text{ECEF}})_0\cdot dy_p + [Q][R]_0\cdot[W]_0\cdot\frac{\partial(\vec{f}'_{\text{ECEF}})}{\partial y_p}\cdot dy_p \tag{4-12}$$

式(4-4)中$\overline{C}_{lm}$、$\overline{S}_{lm}$中与极移相关的项为$C(2,1)$、$S(2,1)$,且

$$\begin{cases} C(2,1) = A - 1.333\times 10^{-9}\cdot(m_1 - 0.011\ 5\cdot m_2) \\ S(2,1) = B - 1.333\times 10^{-9}\cdot(m_2 + 0.011\ 5\cdot m_1) \end{cases} \tag{4-13}$$

式中A、B为模型文件中读取的球谐系数,m_1、m_2为极移改正项,其中

$$\begin{cases} m_1 = x_p - (0.054 + 0.000\ 83\cdot t) \\ m_2 = -[y_p - (0.357 + 0.003\ 95\cdot t)] \end{cases} \tag{4-14}$$

式中t为积分历元,因此式(4-13)中

$$\begin{cases} \dfrac{\partial C(2,1)}{\partial x_p}\cdot dx_p = -1.333\times 10^{-9}\cdot dx_p \\[3mm] \dfrac{\partial C(2,1)}{\partial y_p}\cdot dy_p = 1.532\ 95\times 10^{-12}\cdot dy_p \\[3mm] \dfrac{\partial S(2,1)}{\partial x_p}\cdot dx_p = -1.532\ 95\times 10^{-13}\cdot dx_p \\[3mm] \dfrac{\partial S(2,1)}{\partial y_p}\cdot dy_p = -1.333\times 10^{-9}\cdot dy_p \end{cases} \tag{4-15}$$

由文献可知（王正涛 等，2009），当摄动加速度小于 10^{-9} 量级时可忽略不计，因此式（4-12）右端第四、六项可认为对定轨过程正摄动加速度为零。通过以上推导，超快速轨道积分过程中 ERP 误差引入地球非球形引力摄动主要是通过摄动加速度由地固坐标系向天球坐标系的转换而产生的。下面对式（4-12）做进一步分析，由坐标转换公式可知，式（4-12）中

$$\begin{cases} \dfrac{\partial R}{\partial \theta_{\text{UT1-UTC}}} = \begin{bmatrix} -\sin\theta_{\text{UT1-UTC}} & -\cos\theta_{\text{UT1-UTC}} & 0 \\ \cos\theta_{\text{UT1-UTC}} & -\sin\theta_{\text{UT1-UTC}} & 0 \\ 0 & 0 & 0 \end{bmatrix} \\[2em] \dfrac{\partial W}{\partial x_p} = \begin{bmatrix} 0 & -\sin y_p \cos x_p & -\sin x_p \sin y_p \\ 0 & \sin x_p & 0 \\ 0 & \cos x_p \cos y_p & \sin x_p \cos y_p \end{bmatrix} \\[2em] \dfrac{\partial W}{\partial y_p} = \begin{bmatrix} \sin y_p & -\sin x_p \cos y_p & \cos x_p \cos y_p \\ 0 & 0 & 0 \\ -\cos y_p & -\sin x_p \sin y_p & \sin y_p \cos x_p \end{bmatrix} \end{cases} \quad (4\text{-}16)$$

将式（4-16）代入式（4-12）可得

$$\vec{f} - [Q][R]_0[W]_0(\vec{f'}_{\text{ECEF}})_0 =$$

$$[Q]\begin{bmatrix} -f_1\sin\theta_{\text{UT1-UTC}} - f_2\cos\theta_{\text{UT1-UTC}} - f_3 x_p\sin\theta_{\text{UT1-UTC}} \\ f_1\cos\theta_{\text{UT1-UTC}} - f_2\sin\theta_{\text{UT1-UTC}} - f_3(y_p\cos\theta_{\text{UT1-UTC}} - x_p\sin\theta_{\text{UT1-UTC}}) \\ 0 \end{bmatrix} \cdot d\theta_{\text{UT1-UTC}} +$$

$$[Q]\begin{bmatrix} f_1 y_p\cos\theta_{\text{UT1-UTC}} - f_1 x_p\cos\theta_{\text{UT1-UTC}} + f_3\cos\theta_{\text{UT1-UTC}} \\ -f_1 y_p\sin\theta_{\text{UT1-UTC}} - f_2 x_p\sin\theta_{\text{UT1-UTC}} - f_3\sin\theta_{\text{UT1-UTC}} \\ -f_1 + f_3 y_p \end{bmatrix} \cdot dx_p +$$

$$[Q]\begin{bmatrix} f_2(-y_p\cos\theta_{\text{UT1-UTC}} + x_p\sin\theta_{\text{UT1-UTC}}) \\ f_2 y_p\sin\theta_{\text{UT1-UTC}} \\ f_2 + f_3 x_p \end{bmatrix} \cdot dy_p \quad (4\text{-}17)$$

式中，f_1、f_2、f_3 为地固坐标系下的三个方向加速度。所以 ERP 误差对积分过程中产生的误差主要为式（4-17）右三项误差，将式（4-17）进一步化简得：

$$\vec{f} - [Q][R]_0[W]_0(\vec{f}'_{ECEF})_0$$

$$= [Q] \begin{bmatrix} -f_1\sin\theta\cdot\Delta\theta - f_2\cos\theta\cdot\Delta\theta + f_3(Y_p\sin\theta\cdot\Delta\theta - X_p\cos\theta\cdot\Delta\theta - \\ \Delta Y_p\cos\theta - \Delta X_p\sin\theta) \\ f_1\cos\theta\cdot\Delta\theta - f_2\sin\theta\cdot\Delta\theta + f_3(Y_p\cos\theta\cdot\Delta\theta - X_p\sin\theta\cdot\Delta\theta - \\ \Delta Y_p\sin\theta - \Delta X_p\cos\theta) \\ f_1\cdot\Delta Y_p - f_2\cdot\Delta X_p \end{bmatrix}$$

$$(4\text{-}18)$$

将式(4-18)中微小量 $X_p\cdot\Delta\theta$、$Y_p\cdot\Delta\theta$、$\sin\theta\cdot\Delta\theta$ 略去可得：

$$\Delta\vec{f} = [Q]\begin{bmatrix} -f_2\cdot\Delta\theta - f_3\cdot\Delta Y_p \\ f_1\cdot\Delta\theta - f_3\cdot\Delta X_p \\ -f_1\cdot\Delta Y_p - f_2\cdot\Delta X_p \end{bmatrix} = [Q]\begin{bmatrix} 0 & -\Delta\theta & -\Delta Y_p \\ \Delta\theta & 0 & -\Delta X_p \\ \Delta Y_p & -\Delta X_p & 0 \end{bmatrix}\begin{bmatrix} f_1 \\ f_2 \\ f_3 \end{bmatrix}$$

$$(4\text{-}19)$$

从式(4-19)可以得出，ERP 误差通过地球非球形引力摄动产生的加速度误差可认为将地固坐标系下的摄动加速度绕极移与地球自转方向微小角度旋转。为了充分说明 ERP 误差在轨道积分过程中的特点，取一组较大的 ERP 误差（极移方向 10 mas 和 UT1-UTC 方向 0.05 s）间隔依次预报一天的卫星轨道。同时，考虑到卫星系统不同，现基于 GFZ 提供的 GNSS 精密轨道星历进行一天的预报。图 4-5 和图 4-6 分别针对单个和多个 ERP 参数误差进行轨道积分过程 3D RMS。可以看出，ERP 误差对积分过程影响甚微（小于 1 mm），在超快速轨道预报过程中，不需要考虑积分过程中的 ERP 误差，这也从实验和理论的角度分析了已有的结论。

通过对积分过程进行实验分析，可以得出以下结论：① 从图 4-5 与图 4-6 可以看出，不同 ERP 误差在积分过程中对轨道三个方向误差随着 ERP 的误差增加而增加，也进一步验证了式(4-19)的推导；② 积分过程中 UT1-UTC 误差对轨道影响最大，Ypole 极移对轨道影响最小；③ 当 ERP 三个方向同时存在误差时，引起的卫星轨道误差最大；④ 积分过程中，BDS_IGSO 与 BDS_GEO 受 ERP 误差影响很小，可能是卫星轨道较高，受到地球引力摄动小于 MEO 卫星；其余卫星系统由于 ERP 误差而产生的轨道误差基本保持一致。综上所述，ERP 误差对轨道积分过程的影响是微小量，在积分过程中可忽略不计。

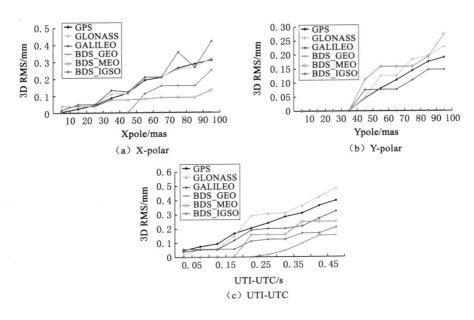

图 4-5 单个 ERP 参数误差引起的轨道 3D RMS

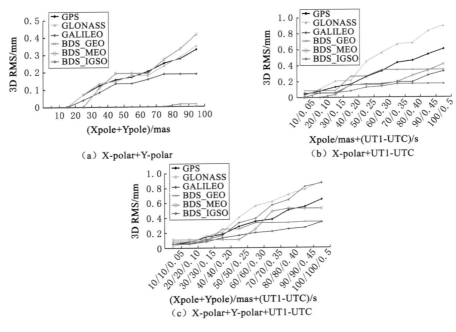

图 4-6 多个 ERP 参数误差引起的轨道 3D RMS

4.3 坐标转换过程误差分析

文献中指出（柳文明 等，2009；张卫星 等，2011；何妙福 等，1983），ERP 误差主要在坐标转换过程中传递，但其具体的误差及规律目前还没有深入研究。本节将具体分析 ERP 误差随时间的变化及引起的超快速轨道各个方向误差的规律。

假设通过积分获得一组天球坐标系下的轨道为真值，GNSS 精密星历用户所需的星历是基于地固坐标系的；将天球坐标系下的轨道转换至地固坐标系下，由于 ERP 预报误差的存在，相应的轨道势必吸收坐标转换产生的误差。设天球坐标系下空间一组卫星坐标为 $\vec{X}_{\text{GCRS}}$，其转换至相应的地固坐标系为 $\vec{X}_{\text{ECEF}}$，则

$$\vec{X}_{\text{ECEF}} = [w][r][q] \cdot \vec{X}_{\text{GCRS}} \tag{4-20}$$

式中 $[w] = [W]^{-1}$，$[r] = [R]^{-1}$，$[q] = [Q]^{-1}$。

令

$$\vec{X}'_{\text{GCRS}} = [q] \cdot \vec{X}_{\text{GCRS}} \tag{4-21}$$

则

$$\vec{X}_{\text{ECEF}} = [w][r] \cdot \vec{X}'_{\text{GCRS}} \tag{4-22}$$

由于 ERP 中存在误差，所以旋转矩阵可表示成如下：

$$[r] = \begin{bmatrix} \cos(\theta + \Delta\theta) & \sin(\theta + \Delta\theta) & 0 \\ -\sin(\theta + \Delta\theta) & \cos(\theta + \Delta\theta) & 0 \\ 0 & 0 & 1 \end{bmatrix} \tag{4-23}$$

$$[w] = \begin{bmatrix} 1 & 0 & X_p + \Delta X_p \\ 0 & 1 & -(Y_p + \Delta Y_p) \\ -(X_p + \Delta X_p) & Y_p + \Delta Y_p & 1 \end{bmatrix} \tag{4-24}$$

式（4-23）、式（4-24）中 $\Delta\theta$、ΔX_p、ΔY_p 分别表示 UT1-UTC、Xpole、Ypole 方向的误差，则坐标转换误差可表示为：

$$\Delta\vec{X}_{\text{ECEF}} = \begin{bmatrix} Y'_G \cdot \Delta\theta + Z'_G \Delta X_p \\ -X'_G \cdot \Delta\theta - Z'_G \Delta Y_p \\ -X'_G \cdot \Delta X_p + Y'_G \Delta Y_p \end{bmatrix} \tag{4-25}$$

式（4-25）可改写为

$$\Delta \vec{X}_{\text{ECEF}} = \begin{bmatrix} 0 & \Delta\theta & \Delta X_p \\ -\Delta\theta & 0 & -\Delta Y_p \\ -\Delta X_p & \Delta Y_p & 0 \end{bmatrix} \begin{bmatrix} X'_G \\ Y'_G \\ Z'_G \end{bmatrix} \tag{4-26}$$

需要指出的是,目前分析中心使用 ERP 的时间分辨率为一天,则计算每个历元的坐标转换需对 ERP 插值,所以 ERP 误差可表示为随时间变化的形式,即

$$\begin{cases} \Delta\theta = At \\ \Delta X_p = Bt \\ \Delta Y_p = Ct \end{cases} \tag{4-27}$$

式(4-27)中 A、B、C 分别表示 ERP 三个方向的误差斜率,t 表示星历历元;同时为了表示卫星轨道误差随时间变化的规律,现将式(4-27)中的空间坐标表示成球面坐标:

$$\begin{cases} X'_G = r\cos\varphi\cos\delta \\ Y'_G = r\sin\varphi\cos\delta \\ Z'_G = r\sin\varphi\sin\delta \end{cases} \tag{4-28}$$

式中,r 为卫星矢径,δ 为轨道倾角。同时令 $\varphi = \dfrac{2\pi}{T}t$,则式(4-26)可表示为

$$\Delta \vec{X}_{\text{ECEF}} = \begin{bmatrix} Art\cos\delta\sin\dfrac{2\pi}{T}t + Brt\sin\delta\sin\dfrac{2\pi}{T}t \\ -Art\cos\delta\cos\dfrac{2\pi}{T}t - Crt\sin\delta\sin\dfrac{2\pi}{T}t \\ -Brt\cos\delta\cos\dfrac{2\pi}{T}t + Crt\cos\delta\sin\dfrac{2\pi}{T}t \end{bmatrix} \tag{4-29}$$

式中 δ 为卫星轨道面倾角,ERP 对卫星轨道 X、Y 和 Z 方向的影响为一个振幅随时间逐渐增大的周期函数。为了验证 ERP 误差对轨道坐标转换过程的影响,下面从实验的角度分析其具体影响表现特性。同样取 GFZ 提供的多系统精密星历为基准,通过依次增加 ERP 参数误差,求取不同 ERP 参数对应的轨道三个方向的 RMS。为了充分说明 ERP 误差与卫星轨道之间关系,实验取极移和 UT1-UTC 误差间隔分别为 0.05 mas 和 0.05 ms。类似积分过程 ERP 误差组合,本实验同时增大误差序列长度(30 个)。图 4-7 至图 4-12 依次给出了不同 ERP 误差组合对应的轨道 RMS 变化。

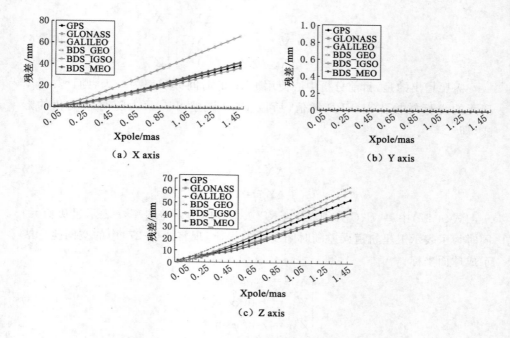

图 4-7 ERP 参数 X-polar 存在误差引起的轨道误差

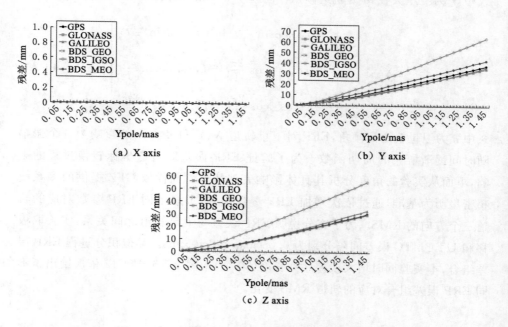

图 4-8 ERP 参数 Y-polar 存在误差引起的轨道误差

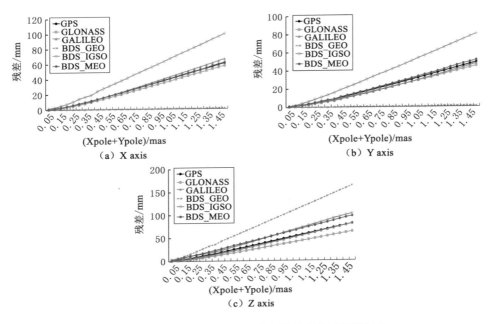

图 4-9 ERP 参数 UT1-UTC 存在误差引起的轨道误差

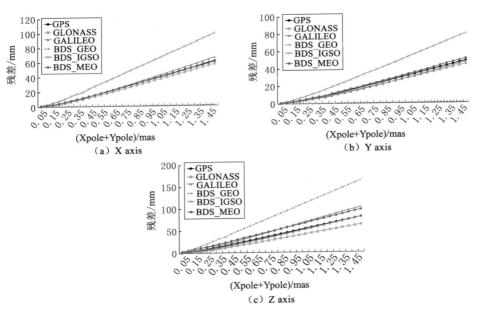

图 4-10 ERP 参数 X-polar＋Y-polar 存在误差引起的轨道误差

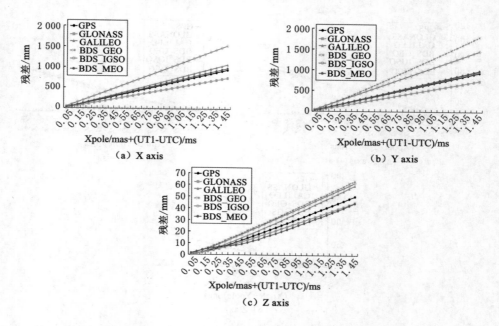

图 4-11　ERP 参数 X-polar＋UT1-UTC 存在误差引起的轨道误差

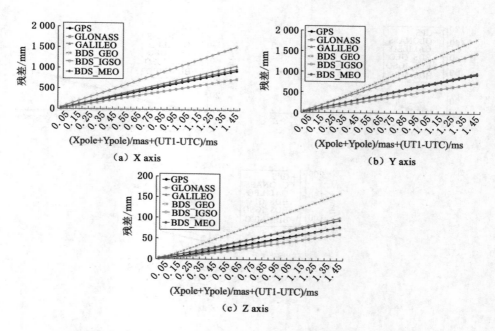

图 4-12　ERP 参数 X-polar＋Y-polar＋UT1-UTC 存在误差引起的轨道误差

　　通过对不同卫星改变 ERP 误差,得到了相应的轨道 RMS,通过实验和前面的理论分析可发现:① Xpole 方向误差对轨道 Y 方向无影响,Ypole 方向误差对轨道 X 方向无影响,UT1-UTC 方向误差对轨道 Z 方向表现为微小量。② 轨道三个方向(除无影响轴)RMS 随 ERP 误差增大而增大,与 ERP 误差近似呈线性趋势增加。③ 图 4-7(a)中轨道 X 方向和图 4-7(b)轨道 Y 方向 BDS_IGSO 误差变化最显著,主要是 BDS_IGSO 轨道较高而 BDS_GEO 轨道倾角较小的缘故,从其他图中也可以得到相似结论。从图 4-8 至图 4-10 可以看出 UT1-UTC 的误差对轨道坐标转换影响最大,当加入 UT1-UTC 误差时,UT1-UTC 方向轨道 RMS 增加达 10 倍以上,而 Xpole 与 Ypole 对轨道影响相当。④ BDS_MEO 卫星与其他 MEO 卫星对 ERP 误差的表现基本保持一致,主要是其轨道特性类似于其他 MEO 卫星。⑤ BDS_GEO 卫星 X 方向对 ERP 参数 Xpole 不敏感,Y 方向对 ERP 参数 Ypole 不敏感,Z 方向对 ERP 参数 UT1-UTC 不敏感,实验和理论都证明了相关结论,主要受 GEO 轨道倾角较小影响。

　　综上所述,坐标转换过程中 ERP 参数误差不可忽略,对卫星轨道影响显著。同时,为了具体验证 ERP 误差对一天内 GNSS 卫星的影响,下面取 ERP 误差 Xpole、Ypole 和 UT1-UTC 分别为 0.3 mas、0.3 mas 和 0.8 ms,以 300 s 历元为间隔,求取轨道三个方向的 RMS,图 4-13 至图 4-15 为分别针对不同 ERP 误差得到的轨道三个方向的 RMS 与历元的关系图。

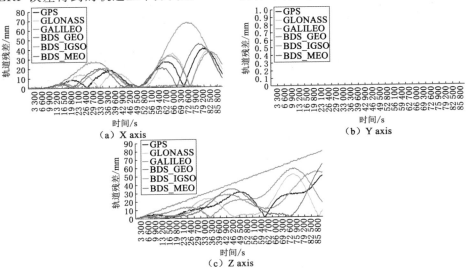

图 4-13　ERP 参数 X-polar 引起轨道坐标转换误差一天变化

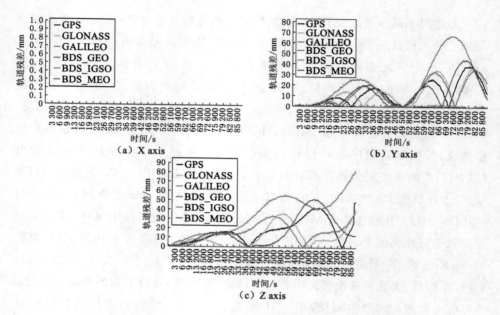

图 4-14　ERP 参数 Y-polar 引起轨道坐标转换误差一天变化

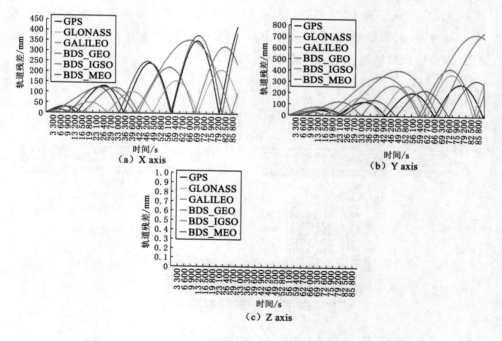

图 4-15　ERP 参数 UT1-UTC 引起轨道坐标转换误差一天变化

通过改变 ERP 误差,得到一天内轨道各个方向 RMS 与时间的关系,对比式(4-29)可发现:① 从图中可发现一天内 ERP 误差引起轨道各个方向的 RMS 呈周期变化,且振幅逐渐增大,轨道误差周期与卫星运行周期一致;② BDS_GEO 的 Z 方向 RMS 随时间呈线性变化,主要是其卫星周期无穷大所导致的。综上所述,通过实验发现实验结果与理论推导基本一致,ERP 误差引起超快速轨道预报误差主要由坐标转换所导致。

4.4 预报轨道误差修正

用户可根据式(4-19)和式(4-29)直接改正卫星坐标值,但是计算改正值需要用到相应的轨道参数以及 ERP 误差值。超快速轨道用户由于无法实时获得 ERP 真值,所以直接修正超快速轨道存在一定的困难。

如本章第一部分所示,IGS 与 IERS 发布的预报 ERP 中不可避免地含有误差,其中极移方向误差达到 0.3 mas,UT1-UTC 误差达到了 0.1 ms。由于 ERP 误差的存在,轨道中误差也十分明显(GPS 轨道误差:6 h 为 5.5 cm)。因此,针对 ERP 误差对超快速预报轨道的影响,主要有以下三种修正方法:① 精化 ERP 预报模型,以提高 ERP 预报分辨率;② 选择一个精度更高的 ERP 预报模型,以提高 ERP 预报精度;③ 将超快速轨道与实时或近实时轨道拟合以降低预报误差。但是,考虑到现有的 ERP 和轨道预报模型已经发展相当成熟,研究精度更高的预报模型已经不具有可行性。同时,高分辨率 ERP 和实时轨道还没有发展成熟。需要注意的是,目前 ERP 预报与轨道预报是分开的,基于不同的数学预报模型。因此,基于 ERP 与轨道预报过程,本书提出一种综合上述三种修正方法的超快速轨道修正方法。

4.4.1 超快速轨道修正原理

对于超快速轨道预报,主要有两种参考坐标系,即天球坐标系与地固坐标系。在天球坐标系中,超快速轨道可通过积分 48 h 弧段获得,其中前 24 h 为计算出的轨道,后 24 h 为预报的轨道。但是,在地固坐标系中,轨道预报主要基于插值函数外推,如拉格朗日插值与切比雪夫插值函数。

上述两种轨道主要区别如下:① 前一种主要将预报 ERP 作为输入变量进行轨道积分,后者则是对平滑曲线的拟合;② 理论上,通过坐标转换至同一坐标系,两种方法获得的轨道是等价的;③ 两种方法获得的轨道都会随着时间增加,轨道误差逐渐增大。但是,短时间内,第二种方法获得的轨道可以认为无误差的真值(实时或近实时轨道)。所以,当用两种方法同时预报轨道时,其中隐含着 ERP 误差影响。本章的目的主要是分析这种相关性。

设通过初始状态参数以及状态转移矩阵预报了一组轨道 $\vec{X}_{orb}(t)$,见式 (4-30)。同时,在地固坐标系中,通过插值函数插值计算部分的轨道获得一组地固坐标系下的轨道 $\vec{X}_{sp3}(t)$。因此,在时间 t_i,两组轨道的不符值可表示为:

$$v(t_i) = w(t_i) \cdot r(t_i) \cdot q(t_i) \cdot \vec{X}_{orb}(t_i) - \vec{X}_{sp3}(t_i) \tag{4-30}$$

式中,$v(t_i)$ 表示两组轨道的不符值。对上式进行线性化,可得

$$\vec{X}_{sp3}(t_i) - w_0(t_i) \cdot r_0(t_i) \cdot q(t_i) \cdot \vec{X}_{orb}^0(t_i) = \frac{\partial w(t_i)}{\partial x_p(t_i)} \cdot r_0(t_i) \cdot q(t_i) \cdot$$

$$\vec{X}_{orb}^0(t_i) \cdot \mathrm{d}x_p(t_i) - \frac{\partial w(t_i)}{\partial y_p(t_i)} \cdot r_0(t_i) \cdot q(t_i) \cdot \vec{X}_{orb}^0(t_i) \cdot \mathrm{d}y_p(t_i) - w_0(t_i) \cdot$$

$$\frac{\partial r(t_i)}{\partial \theta_{UT1-UTC}(t_i)} \cdot q(t_i) \cdot \vec{X}_{orb}^0(t_i) \cdot \mathrm{d}\theta_{UT1-UTC}(t_i) - \frac{\partial w(t_i)}{\partial Dx_p(t_i)} \cdot r_0(t_i) \cdot q(t_i) \cdot$$

$$\vec{X}_{orb}^0(t_i) \cdot \mathrm{d}Dx_p(t_i) - \frac{\partial w(t_i)}{\partial Dy_p(t_i)} \cdot r_0(t_i) \cdot q(t_i) \cdot \vec{X}_{orb}^0(t_i) \cdot \mathrm{d}Dy_p(t_i) -$$

$$w_0(t_i) \cdot \frac{\partial r(t_i)}{\partial D\theta_{UT1-UTC}(t_i)} \cdot q(t_i) \cdot \vec{X}_{orb}^0(t_i) \cdot \mathrm{d}D\theta_{UT1-UTC}(t_i) +$$

$$\{[w_0(t_i) \cdot r_0(t_i) \cdot q(t_i) \cdot X_{orb}^0(t_i)] / 10^6\} \cdot \vec{X}_{scl}(t_i) \tag{4-31}$$

式 (4-31) 中,$\mathrm{d}x_p$、$\mathrm{d}Dx_p$、$\mathrm{d}y_p$、$\mathrm{d}Dy_p$、$\mathrm{d}\theta_{UT1-UTC}$、$\mathrm{d}D\theta_{UT1-UTC}$ 分别表示 Xpole,Ypole 和 $\theta_{UT1-UTC}$ 方向误差和变化速度误差,$\vec{X}_{scl}$ 为尺度参数,其主要作用是吸收方程未模型化的误差;$w_0(t_i)$、$r_0(t_i)$ 为预报 ERP 计算出的旋转矩阵;$\vec{X}_{orb}^0(t_i)$ 为天球坐标系中利用预报 ERP 积分得到的轨道值。现将预报的轨道分割成 n 段,则每一段都能建立如式 (4-31) 所示的误差方程。设

$$X(t_i) = [\mathrm{d}x_p(t_i), \mathrm{d}Dx_p(t_i), \mathrm{d}y_p(t_i), \mathrm{d}Dy_p(t_i), \mathrm{d}\theta_{UT1-UTC}(t_i),$$

$$\mathrm{d}D\theta_{UT1-UTC}(t_i), X_{scl}(t_i)]^T \tag{4-32}$$

则对于卫星 s_a,令

$$R_{s_a}(t_i) = \begin{bmatrix} \dfrac{\partial w(t_i)}{\partial x_p(t_i)} \cdot r_0(t_i) \cdot q(t_i) \cdot (X_{\text{orb}}^0(t_i))_{s_a} \\[2ex] -\dfrac{\partial w(t_i)}{\partial y_p(t_i)} \cdot r_0(t_i) \cdot q(t_i) \cdot (X_{\text{orb}}^0(t_i))_{s_a} \\[2ex] \dfrac{\partial r(t_i)}{\partial \theta_{\text{UT1-UTC}}(t_i)} \cdot w_0(t_i) \cdot q(t_i) \cdot (X_{\text{orb}}^0(t_i))_{s_a} \\[2ex] -\dfrac{\partial w(t_i)}{\partial Dx_p(t_i)} \cdot r_0(t_i) \cdot q(t_i) \cdot (X_{\text{orb}}^0(t_i))_{s_a} \\[2ex] -\dfrac{\partial w(t_i)}{\partial Dy_p(t_i)} \cdot r_0(t_i) \cdot q(t_i) \cdot (X_{\text{orb}}^0(t_i))_{s_a} \\[2ex] -\dfrac{\partial r(t_i)}{\partial D\theta_{\text{UT1-UTC}}(t_i)} \cdot w_0(t_i) \cdot q(t_i) \cdot (X_{\text{orb}}^0(t_i))_{s_a} \\[2ex] \left[w_0(t_i) \cdot r_0(t_i) \cdot q(t_i) \cdot (X_{\text{orb}}^0(t_i))_{s_a}\right]/10^6 \end{bmatrix}^{\mathrm{T}} \tag{4-33}$$

$$L_{s_a}(t_i) = (\varphi(t_i,t_0)\mathrm{d}\vec{X}_0)_{s_a} - (\vec{X}_{\text{sp3}}(t_i))_{s_a} \tag{4-34}$$

式中$(\cdot)_{s_a}$表示卫星s_a相关参数。式(4-30)可表示为：

$$\begin{bmatrix} v_{s_1}(t_i) \\ v_{s_2}(t_i) \\ \vdots \\ v_{s_n}(t_i) \end{bmatrix} = \begin{bmatrix} R_{s_1}(t_i) \\ R_{s_2}(t_i) \\ \vdots \\ R_{s_n}(t_i) \end{bmatrix} \cdot X(t_i) - \begin{bmatrix} L_{s_1}(t_i) \\ L_{s_2}(t_i) \\ \vdots \\ L_{s_n}(t_i) \end{bmatrix} \tag{4-35}$$

设 $R = [R_{s_1}(t_i) \ R_{s_2}(t_i) \ \cdots \ R_{s_n}(t_i)]^{\mathrm{T}}$，$L = [L_{s_1}(t_i) \ L_{s_2}(t_i) \ \cdots \ L_{s_n}(t_i)]^{\mathrm{T}}$，$v = [v_{s_1}(t_i) \ v_{s_2}(t_i) \ \cdots \ v_{s_n}(t_i)]^{\mathrm{T}}$，则式(4-35)表示为：

$$V = R \cdot X(t_i) - L \tag{4-36}$$

$$P = \begin{bmatrix} P_{s_1} & & & \\ & P_{s_2} & & \\ & & \ddots & \\ & & & P_{s_n} \end{bmatrix} \tag{4-37}$$

所以，基于最小二乘参数 $X(t_i)$ 的解可表示为：

$$X(t_i) = (R^{\mathrm{T}}PR)^{-1} \cdot R^{\mathrm{T}}PL \tag{4-38}$$

其中权阵根据不同的系统赋值(对 GPS、GLONASS、GALILEO 和 BeiDou 分别赋权 1、0.5、0.5 和 0.5)，则每个历元可计算一组 ERP 改正值$((\mathrm{d}x_p)_i,(\mathrm{d}y_p)_i,(\mathrm{d}\theta_{\text{UT1-UTC}})_i)^{\mathrm{T}}$，其中 i 表示第 i 个历元。同时，设 ERP 误差与时间呈线性关系，则可根据 n 组 ERP 改正值拟合一组 ERP 改正函数斜率，即

$$\begin{bmatrix} A \\ B \\ C \end{bmatrix} = f \begin{bmatrix} (\mathrm{d}\theta_{\text{UT1-UTC}})_1 & (\mathrm{d}\theta_{\text{UT1-UTC}})_2 & \cdots & (\mathrm{d}\theta_{\text{UT1-UTC}})_n \\ (\mathrm{d}x_p)_1 & (\mathrm{d}x_p)_2 & \cdots & (\mathrm{d}x_p)_n \\ (\mathrm{d}y_p)_1 & (\mathrm{d}y_p)_2 & \cdots & (\mathrm{d}y_p)_n \end{bmatrix} \tag{4-39}$$

式中，A、B 和 C 表示 ERP 三个方向的误差斜率，$f[\cdot]$ 表示拟合函数。从式 (4-39) 中可得出预报 ERP 的误差斜率，通过相应斜率可求出任意时刻的 ERP 改正值，即

$$\begin{bmatrix} \theta_{\text{UT1-UTC}}(t_i) \\ y_p(t_i) \\ x_p(t_i) \end{bmatrix} = \begin{bmatrix} \theta^0_{\text{UT1-UTC}}(t_i) \\ y^0_p(t_i) \\ x^0_p(t_i) \end{bmatrix} + \begin{bmatrix} A \\ B \\ C \end{bmatrix}(t_i) \tag{4-40}$$

式 (4-40) 即为修正后的 ERP 值，其中 $\theta^0_{\text{UT1-UTC}}(t_i)$、$x^0_p(t_i)$、$y^0_p(t_i)$ 为 Bulletin-A 或者 IGU 的预报 ERP 值。将修正后的 ERP 观测值重新代入式 (4-19) 和式 (4-29) 即可对超快速精密星历预报部分实现修正。

上述修正方法没有将轨道与 ERP 预报值分开预报，这样修正的 ERP 值和轨道更具有自洽性。地固坐标系中轨道外推自始至终不受 ERP 误差的影响，而进行轨道坐标转换时，ERP 误差可影响其旋转矩阵。当考虑到外推函数的精度时，其取决于外推弧长和 ERP 预报值误差大小。下面将验证文章提出的实时修正方法的可行性，主要通过以下三步：① 为了确定基于计算轨道的外推函数可用性，将对外推函数进行研究；② 基于 GFZ 快速轨道，将通过模拟实验验证本书提出的修正方法正确性；③ 利用此方法进行超快速轨道预报，进一步讨论适用范围。

4.4.2 外推函数验证

已有研究表明，插值函数（拉格朗日或者切比雪夫）外推短时间具有很高的精度。尤其对于平滑的曲线，其短时间插值精度损失会更少。定轨过程中，由于卫星在轨道面内的轨迹为平滑曲线（除了卫星机动），这意味着短时间内利用插值函数进行外推理论上是可行的方案。

现取两天的精密星历作为参考（年积日 35—36，2017），以其作为无误差的轨道。同时，利用 9 阶拉格朗日插值函数处理 30 s 采样间隔的轨道。实验具体步骤如下：首先，取年积日 35 星历内插为 30 s 一个历元的轨道，原始输入星历为 300 s 历元间隔；接着，利用插值函数外推年积日 36 整天的轨道；最后，对比年积日外推轨道与参考之间的残差。

外推残差与前 6 h 轨道对应的 RMS 分别如图 4-16 和表 4-4 所示。从

图 4-16(a)可以看出，外推函数随着弧长的增加，轨道误差呈指数增长。由于轨道精度较差，BDS_GEO 变化最明显。但是，从图 4-16(b)和表 4-4 可以看出，对于 GPS 轨道外推 15～30 min 残差是可以忽略的。

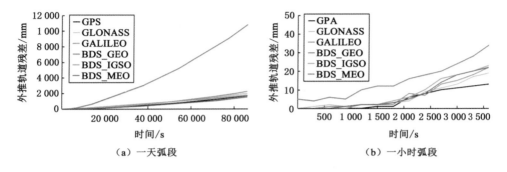

（a）一天弧段　　　　　　　（b）一小时弧段

图 4-16　基于 GFZ 精密星历外推轨道残差

表 4-4　轨道 6 小时外推 RMS　　　　　　　　单位：mm

	15 min	30 min	45 min	1 hour	2 hour	3 hour	4 hour	5 hour	6 hour
GPS	0	0	4	10	16	35	65	86	124
GLONASS	1	1	4	9	18	49	82	99	135
GALILEO	0	1	5	16	48	87	121	166	194
BDS_GEO	4	7	10	24	56	137	236	407	579
BDS_IGSO	0	1	8	18	25	67	104	205	353
BDS_MEO	0	1	6	12	21	52	94	137	186

从外推实验结果可以看出，选择地固坐标系下计算出的精密星历作为参考进行短时间轨道外推，可认为其是无误差的预报。

4.4.3　仿真实验

基于观测值改进的轨道短时间预报是本书轨道实时修正模型的前提条件。为了验证这种模型的可行性，下面通过仿真实验进行验证。同上节实验，选择 GFZ 快速精密星历作为参考。在年积日 36 的 ERP 参数中每次加入极移 0.05 mas 等间隔误差，在 UT1-UTC 中加入 0.02 ms 等间隔误差，共进行 6 组实验。图 4-17 为模拟实验流程。表 4-5 为不同 ERP 误差条件下的预报轨道修正前后精度对比。

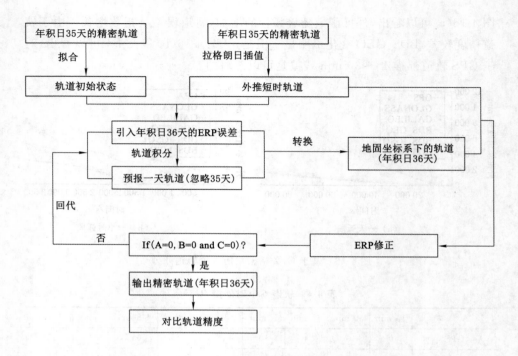

图 4-17　模拟实验流程

表 4-5　不同 ERP 误差条件下的预报轨道修正前后精度对比　　单位：mm

ERP 误差	0.05 ms/ 0.05 ms/ 0.02 ms	0.1 ms/ 0.1 ms/ 0.04 ms	0.15 ms/ 0.15 ms/ 0.06 ms	0.2 ms/ 0.2 ms/ 0.08 ms	0.25 ms/ 0.25 ms/ 0.1 ms	0.3 ms/ 0.3 ms/ 0.12 ms
GPS(B)	7.1	21.4	36.0	50.8	65.7	80.5
GPS(A)	7.0	16.2	18.4	22.3	25.2	20.4
GLONASS(B)	7.5	18.5	30.1	41.9	53.7	65.6
GLONASS(A)	7.2	15.5	22.4	23.3	25.3	24.2
GALILEO(B)	7.1	21.9	37.7	53.7	69.8	86.0
GALILEO(A)	7.2	20.3	23.2	25.5	28.8	23.9
BDS_GEO(B)	8.8	26.5	46.1	66.5	87.2	109.5
BDS_GEO(A)	8.1	24.6	37.5	36.5	49.4	64.8

表 4-5(续)

ERP 误差	0.05 ms/ 0.05 ms/ 0.02 ms	0.1 ms/ 0.1 ms/ 0.04 ms	0.15 ms/ 0.15 ms/ 0.06 ms	0.2 ms/ 0.2 ms/ 0.08 ms	0.25 ms/ 0.25 ms/ 0.1 ms	0.3 ms/ 0.3 ms/ 0.12 ms
BDS_IGSO(B)	16.5	39.8	63.3	86.8	110.4	134.1
BDS_IGSO(A)	12.0	25.0	26.0	28.0	34.0	39.0
BDS_MEO(B)	8.8	23.9	39.3	54.6	70.1	85.6
BDS_MEO(A)	7.9	16.4	26.2	28.2	24.8	28.8

4.4.4 超快速轨道实验

同仿真实验,为了进一步修正模型对于超快速轨道预报的性能,选取连续 10 天(年积日 141—150,2016)进行超快速轨道预报。不同于仿真,实验中的 ERP 用 IERS 公布的一天分辨率的 Bulletin-A 代替。图 4-18 为轨道修正前后的 RMS,这里消除了其他误差影响,仅保留 ERP 误差影响。

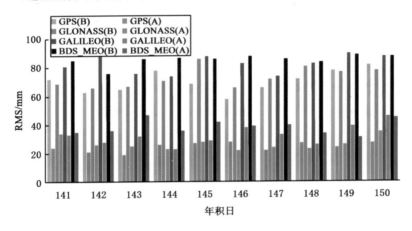

图 4-18　连续 10 天超快速轨道修正结果

考虑到 BDS_GEO 精度较差,实验中去除了这类卫星。结果发现书中提出的修正方法可修正由预报 ERP 误差引起的误差。这对分析中心、综合中心以及 GNSS 用户精化超快速轨道是有意义的。

4.5　本章小结

本章主要进行了三项工作：① 分析目前 ERP 预报精度及其对轨道影响的量级；② 推导 ERP 误差在轨道积分以及坐标转换中的表达式；③ 提出一种实时修正方法。

对于第一项工作，详细地分析了目前 ERP 预报精度。目前 ERP 误差在极移方向超过 0.2 mas，在 UT1-UTC 方向超过 0.12 ms，这必将导致卫星轨道误差。所以，对于实时用户而言必须考虑超快速预报轨道实时修正。同时，为了简化分析，对 ERP 误差的线性变化进行了验证。当增加 ERP 分辨率时，线性关系降低且变化趋势缓慢，这意味着 ERP 短时间内可用线性函数描述。

对于第二项工作，研究了 ERP 对预报轨道影响的机理。通过实验发现积分过程可以忽略，而坐标转换过程是主要影响轨道精度的过程。通过推导发现由于 ERP 误差的影响，轨道 3 个方向误差是振幅随时间逐渐增大的周期函数。如果 ERP 可以实时准确获取，那么相应的高精度预报轨道同样可以实时获得。

对于第三项工作，提出一种实时轨道修正方法。这种方法同时考虑了 ERP 分辨率以及预报模型以优化轨道预报。从实验结果可以看出，这种方法可以减少由 ERP 误差引起的轨道误差 50% 左右。由于外推轨道精度的限制，ERP 误差始终无法避免。

本章仅仅分析了 ERP 误差对预报轨道的影响。对于实时用户来说，预报轨道是非常重要的一部分，所以，精化预报是十分有必要的。

5 北斗新卫星(BeiDou-3)定轨策略分析

北斗卫星导航系统作为中国自主研发的卫星系统,其正逐渐成为 GNSS 的重要组成部分(杨元喜,2010)。中国的北斗服务范围总体可划分为两个阶段:第一阶段的区域覆盖和第二阶段的全球覆盖。截至 2012 年 12 月 27 日,北斗卫星导航系统已经完成了覆盖亚太地区的定位授时服务。在第一阶段的建设中,北斗卫星导航系统相应建立起了地球同步轨道静止(GEO)卫星、地球倾斜轨道静止(IGSO)卫星和地球中轨道(MEO)卫星。目前,在轨可正常用于导航定位的北斗卫星共 14 颗(BeiDou-2):5 颗 GEO 卫星,5 颗 IGSO 卫星和 4 颗 MEO 卫星。随着第一阶段任务的完成,2015 年 3 月 30 日,第一颗新一代北斗导航卫星 BeiDou-3 发射成功。新一代北斗导航卫星具备了新的信号机制和星间链路结构。2016 年 8 月在轨的 4 颗新一代北斗导航卫星处于正常工作状态,其中,C35 正处于测试状态,具体见表 5-1。

表 5-1 新一代北斗导航卫星状态(Tian et al. ,2016)

卫星	PRN	SVN	卫星类型	发射时间
I1-S	C31	C101	IGSO	2015 年 3 月 30 日
I2-S	C32	C104	IGSO	2015 年 9 月 30 日
M1-S	C33	C102	MEO	2015 年 7 月 25 日
M2-S	C34	C103	MEO	2015 年 7 月 25 日

高精度的卫星轨道钟差是卫星导航定位服务的前提,随着北斗系统的不断推进,对新一代卫星进行精密轨道确定是分析中心的首要任务之一。因此,在对 BeiDou-2 精密定轨的研究基础上,研究适用于新一代卫星的定轨策略尤为重要。在新一代卫星定轨任务中,对 BeiDou-2 轨道钟差的研究具有一定借鉴

意义,具体有:① 葛茂荣等利用 3 天的观测弧段和 ECOM 光压 9 参数模型初步确定了北斗轨道,其轨道重叠弧段 RMS GEO 为 3.3 m,IGSO 为 0.5 m(Ge et al.,2012);② Montenbruck 等测试了北斗定轨的初步结果,得出其轨道 3D RMS 在 1~20 m 的范围内(Montenbruck et al.,2013);③ 赵齐乐等在北斗光压模型中轨道径向引入了一个常加速度以补偿 ECOM 模型在确定北斗 GEO 卫星轨道过程中存在的缺陷(Lou et al.,2014);④ 楼益栋在 GEO 光压模型的径向引入常加速度和非 GEO 卫星的 5 参数 ECOM 光压模型,其轨道重叠弧段 MEO/IGSO 为 20 cm 左右,GEO 卫星达数米左右。

以上研究均是对北斗现有模型的改进和测试,其研究结果具有一定的借鉴意义;但是,对于新一代卫星 BeiDou-3 定轨难度进一步加大,主要原因有:① 相对于 BeiDou-2,新一代卫星跟踪站较少,主要为 iGMAS 建立的 9 个跟踪站;② 新一代卫星的各项参数、模型以及相关参数均无法精确获得,在轨道确定过程中需要进一步研究。

综上,基于分析中心的新一代卫星定轨需要,本章研究了 BeiDou-3 的轨道钟差确定策略和相关精度分析,为后期的定轨模型进一步优化提供参考,主要包括:iGMAS 跟踪站数据质量分析,不同定轨策略以及不同策略轨道精度分析。

5.1   iGMAS 跟踪站数据分析

新一代北斗导航卫星仍播发三个频率信号[1561.098 MHz(B1),1 207.140 MHz(B2)和 1 268.520 MHz(B3)]。未来北斗将采用类似于 GPS L1 和 Galileo E1 的方法将民用 B1 频率调制成以 1 575.42 MHz 为中心的频率。由于新一代卫星新信号正处于测试阶段,本章分析新一代卫星定轨仍基于北斗 B1/B2/B3。本节主要分析跟踪站数据连续性和数据质量。

5.1.1   跟踪站数据连续性分析

本节主要基于 2016 年 8 月 15 日~9 月 15 日(年积日 228~259)的跟踪站数据进行分析。此时间段内可跟踪新一代卫星的地面跟踪站主要为 iGMAS 跟踪网中的 9 个跟踪站,其分布具体见图 5-1。

基于 9 个 iGMAS 跟踪站,本书统计了一个月的跟踪站数据连续性,图 5-2 给出了跟踪站可连续观测 32 天的文件个数,并以此作为跟踪站数据稳定性的

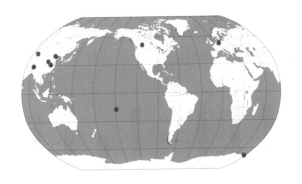

图 5-1 iGMAS 新一代卫星跟踪站分布

依据。从图中可以看出，iGMAS 跟踪站具有较好的连续性，这为新一代卫星定轨实施提供了很好的数据支持。

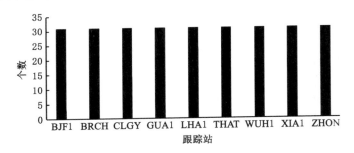

图 5-2 跟踪站连续 32 天文件个数

5.1.2 跟踪站数据质量分析

由于目前定轨策略中主要用到了北斗与 GPS 观测数据，所以，本节主要分析 9 个地面跟踪站新一代北斗导航卫星及 GPS 数据质量。

首先，分析了跟踪站年积日 232 天的 GPS 数据有效率、周跳比和多路径等的影响，图 5-3 至图 5-6 给出了跟踪站 GPS 数据有效率、周跳比、MP_1（MP1 指 B1 频率多路径效应）、MP_2（MP2 指 B3 频率多路径效应）统计。根据相关文献研究，跟踪站数据质量指标应满足数据有效率大于 95%，周跳比大于 20%，$MP_1 < 0.3$ m，$MP_2 < 0.4$ m 等。从 GPS 数据质量分析结果来看，目前可跟踪新一代卫星的 iGMAS 跟踪站存在 GPS 数据质量较差的问题。

同样，针对新一代卫星跟踪站，进一步分析 BDS 数据观测质量。由于目前数据预处理软件支持北斗数据处理的较少,本书采用自编数据预处理软件对 9 个跟踪站数据进行质量分析。同上,图 5-7、图 5-8、图 5-9 和图 5-10 依次统计了不同跟踪站北斗数据有效率、周跳比、MP1 和 MP2。

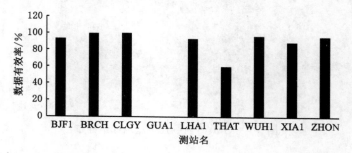

图 5-3　跟踪站 GPS 数据有效率

图 5-4　跟踪站 GPS 数据周跳比

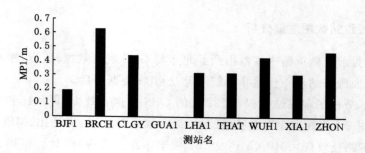

图 5-5　跟踪站 GPS 数据 MP1

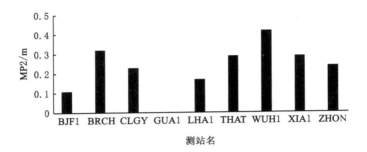

图 5-6　跟踪站 GPS 数据 MP2

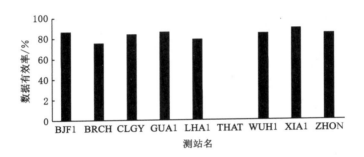

图 5-7　跟踪站 BDS 数据有效率

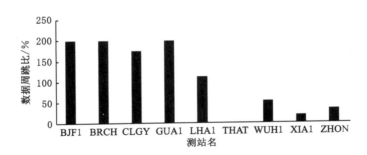

图 5-8　跟踪站 BDS 数据周跳比

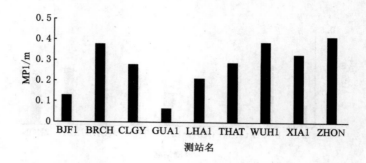

图 5-9　跟踪站 BDS 数据 MP1

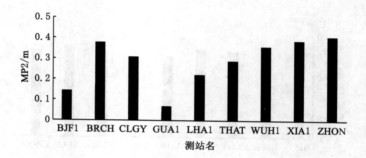

图 5-10　跟踪站 BDS 数据 MP2

从实验结果可以看出,iGMAS 跟踪站北斗数据质量指标与 GPS 相当,但需要指出的是北斗数据的周跳比明显高于 GPS 数据,其会严重影响参数精度。所以综上所述,新一代卫星定轨过程中 iGMAS 的 9 个跟踪站数据质量欠佳,尤其是 GPS 数据容易出现跳变。

5.2　不同定轨策略定轨分析

针对分析中心新一代卫星轨道钟差的任务需要,考虑现有的数据质量问题,本章设计了两套解算策略。

策略一:即"一步法"。

这种方法主要是同时利用 iGMAS 观测数据与 MGEX 观测数据进行轨道确定。由于加入 MGEX 观测数据,解算参数较多,同时在新一代卫星轨道计算时,MGEX 跟踪站相关的坐标、钟差等参数已经可以精确获得,所以在定轨过程中将跟踪站坐标、跟踪站钟差、对流层以及地球自转参数作为已知值进行固定。利用广播星历提供的轨道初值,一步确定卫星轨道钟差。

策略一的优点主要有如下几方面:由于 iGMAS 跟踪站 GPS 数据观测质量欠佳,利用固定 MGEX 跟踪站相关参数,可以提高 GPS 卫星轨道参数;在确定 iGMAS 跟踪站相关参数时,由于北斗新一代卫星数目较少,且相关参数无法准确获得,所以在参数解算过程中,GPS 观测数据起了主要作用,综合 MGEX 观测数据可有效提高相关参数解算精度;综合 iGMAS 与 MGEX 数据进行新一代卫星轨道钟差的确定有利于轨道钟差产品的一致性,避免了不同观测解算存在的系统误差。表 5-2 给出了新一代卫星轨道确定过程中的相关模型和参数设置,图 5-11 给出了"一步法"进行新卫星轨道确定的实现过程。

表 5-2　轨道确定过程中参数设置

参数	参数设置	参数	参数设置
观测值模型	LC＋PC	固体潮模型	IERS 2010
观测方程模型	非差	海潮模型	IERS 2010
随机模型	高度角	多体摄动	考虑主要天体
观测值间隔	300 s	太阳光压	ECOM
参数估计方法	最小二乘整体估计	大气延迟估计	不估计
接收机频间、系统间偏差	零均值	相对论效应	IERS2010
天线相位中心	绝对相位中心模型	估计 ERP 参数	估计极移、UT1-UTC 及其速度
轨道参考坐标框架	天球坐标系	ERP 参数约束	UT1-UTC 强约束,极移加 10 m 约束
模糊度固定方法	取整	估计轨道相关参数	估计初始位置、速度及光压参数
基线长度限制	3 500 kM	轨道参数约束	位置 10 m 约束、速度 0.1 m/s,光压参数加 0.1 m 约束
最小共识时长	900 s	卫星钟差约束	5 km 约束
天顶对流层模型	2 小时分段函数	测站钟差约束	9 km 约束
对流层梯度模型	1 小时分段函数	测站坐标约束	读取 sinex 约束
重力场模型	EGM 8		

本章基于"一步法"进行了新一代卫星轨道钟差解算实验,分别从内符合与

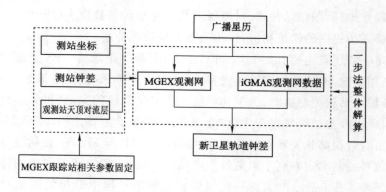

图 5-11　"一步法"定轨过程

外符合精度评估轨道钟差解算精度。其中,内符合精度采用重叠弧段不符值RMS 表示,具体如图 5-12 所示。外符合精度主要以武汉大学 iGMAS 分析中心计算的轨道钟差为基准,统计连续 32 天参数解算精度。图 5-13 与图 5-14 给出了"一步法"的内符合与外符合精度统计。

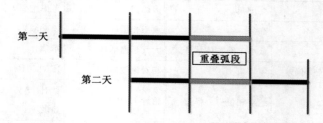

图 5-12　轨道钟差重叠弧段对比

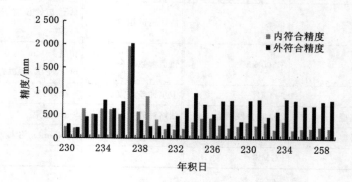

图 5-13　"一步法"轨道内、外符合精度

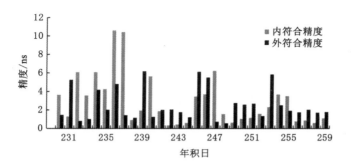

图 5-14 "一步法"钟差内、外符合精度

策略二：即为"两步法"。

图 5-15 给出了"两步法"的实现流程，主要分为 PPP 和定轨两个过程。这是目前普遍采用的融合定轨方法(李敏,2011)，即通过 PPP 先确定测站相关参数，如测站坐标、对流层和测站钟差等。将固定后的参数代入新一代卫星轨道确定过程。这种定轨方法的主要优点有：利用 PPP 进行测站参数固定最大程度地减少了新一代卫星确定过程中未知参数数目，可以在观测数据较少的情况下提高数据使用率；该策略可有效减少非轨道钟差参数对新一代卫星定轨过程的影响，有效地提高了参数解算精度；由于 iGMAS 测站新一代卫星观测数据频率

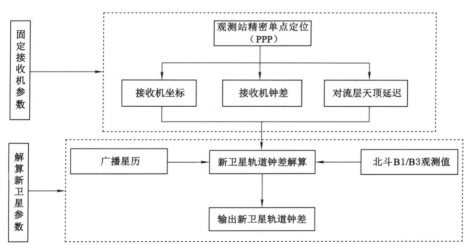

图 5-15 "两步法"定轨过程

主要为 B1 与 B3，而 MGEX 测站新一代卫星观测数据频率主要为 B1 与 B2，所以"一步法"确定新卫星时不能有效地利用 iGMAS 测站数据，而"两步法"可以提高数据使用率。需要指出的是，由于 iGMAS 测站 GPS 数据质量欠佳，在 PPP 确定测站相关参数时，参数会受到一定影响。

与"一步法"数据处理相同，分别统计了"两步法"确定轨道钟差的内、外符合精度，图 5-16、图 5-17 分别给出了轨道和钟差的精度统计。表 5-3 列出了"一步法"与"两步法"轨道钟差平均值。

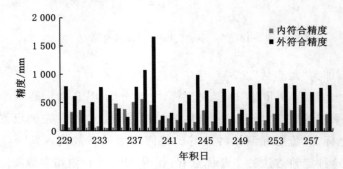

图 5-16　"两步法"轨道内、外符合精度

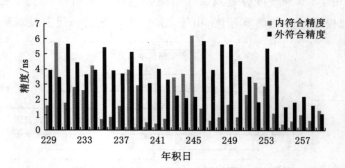

图 5-17　"两步法"钟差内、外符合精度

表 5-3　"一步法"与"两步法"轨道钟差平均值

	轨道/mm		钟差/ns	
	内符合	外符合	内符合	外符合
一步法	409	652	2.99	2.56
两步法	258	679	2.02	3.65

从上述"一步法"与"两步法"实验结果可以得出,在新一代卫星精密定轨中,两种方法各有优缺点。但是,相较于外符合精度,"两步法"对轨道钟差内符合精度提升较明显,可能与武汉大学提供的新一代卫星轨道钟差精度相关。为了进一步分析新一代卫星轨道钟差精度较差的原因,利用 Allan 方差简单分析了钟差的稳定性,图 5-18 列出了新卫星千分秒变化序列,从图中可以看出新卫星钟差千分秒序列出现跳变,可以说明卫星钟本身的稳定性存在一定问题。所以,卫星钟在新一代卫星轨道确定过程中不稳定是轨道钟差精度不高的原因之一。

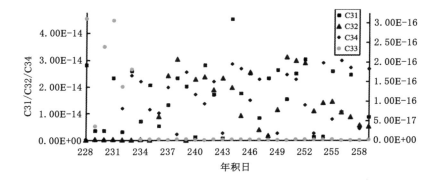

图 5-18 新卫星千分秒变化序列

5.3 一种改进的周跳探测与修复方法

在数据分析周期内,2016 年 12 月底前可从 iGMAS 跟踪网下载得到 16 个跟踪站观测数据,其中 9 个跟踪站可接收 BDS-3 卫星观测信号。为了分析 iG-MAS 观测数据质量,选取了两个跟踪站(LHA1 和 WHU1)进行观测数据质量分析。与此同时,考虑 MGEX 与之对应的同址跟踪站 LHAZ 与 JFNG 存在同样的观测环境,将其用于卫星观测数据质量对比分析处理。实验中选取 2017年年积日 156 到 160 天的 GPS 观测数据作为示例进行分析。实验中给出了观测数据有效率、MP1、MP2 以及平均周跳比(CSR),如表 5-4 所示。同时,针对 iGMAS 观测数据的 BDS-3 信号的 CSR 值同样列于表 5-4 中,其中 BDS-2 的数据质量用于对比 MGEX 与 iGMAS 跟踪站的数据质量。

表 5-4　iGMAS 与 MGEX 观测数据质量对比

测站		GPS				BDS-2		BDS-3	
		有效率/%	MP1/m	MP2/m	CSR	有效率/%	CSR	有效率/%	CSR
MGEX	JFNG	88.80	0.348	0.424	681.20	99.66	118.01	78.24	843.11
iGMAS	WHU1	81.60	0.365	0.472	133.85	85.47	1160.23	80.22	942.25
MGEX	LHAZ	90.61	0.418	0.344	239.40	95.25	77.94	94.51	334.23
iGMAS	LHA1	99.56	0.473	0.370	128.06	84.99	4393.38	99.61	439.50

表 5-4 中数据质量分析截止高度角采用 5°。基于相同跟踪站的卫星观测数据质量可以看出，iGMAS 跟踪站的 GPS 观测数据较 MGEX 明显差，尤其是周跳和多路径延迟量等指标。另外，通过 BDS-2 与 BDS-3 观测结果可以发现，iGMAS 观测数据周跳比较 MGEX 明显。但是，在有限的观测数据条件下，充分挖掘 BDS-3 观测数据信息是提高精密定轨精度的必要措施之一。因此，在 BDS-3 精密定轨之前，有必要对 iGMAS 观测数据质量进行周跳探测与修复。

为实现 BDS-3 精密定轨中周跳探测与修复，基于传统的 Turboedit 方法主要存在以下问题：① 由于 iGMAS 观测噪声的影响，针对小周跳很难进行准确的探测与修复；② 很多情况下，会直接删除观测数据段，导致可用观测数据减少；③ 针对模型组合该算法无法进行探测，例如两个频率上发生大小相同的周跳值，特别是小的周跳。因此，本章提出一种改进的 iGMAS 周跳探测与修复方法，其主要通过高精度预报电离层延迟量进行处理。具体如下：

设 GNSS 观测方程为

$$\begin{cases} P_i = (\rho + c \cdot \mathrm{d}T - c \cdot \mathrm{d}t + d_{\mathrm{trop}}) + k_i \widetilde{I} + \varepsilon_i \\ L_i = (\rho + c \cdot \mathrm{d}T - c \cdot \mathrm{d}t + d_{\mathrm{trop}}) - k_i \widetilde{I} + \lambda_i N_i + \xi_i \end{cases} \tag{5-1}$$

上式为伪距和载波相位观测方程。其中，i 表示频率；ρ 表示星地间几何距离；c 为光速；$\mathrm{d}T$、$\mathrm{d}t$ 为卫星与接收机的钟差参数；d_{trop} 表示对流层延迟量；$\widetilde{I}$ 表示 L_1 上电离层延迟量；$k_i = f_1^2/f_i^2$，表示电离层延迟系数；ε_i、ξ_i 表示相应的噪声项；λ_i、N_i 表示波长和相应的整周模糊度参数。

由 MW 组合可得

$$N_w = \left(\frac{f_1 L_1 - f_2 L_2}{f_1 - f_2} - \frac{f_1 P_1 + f_2 P_2}{f_1 + f_2} \right) \cdot \frac{1}{\lambda_w} = N_1 - N_2 + \varepsilon_w \tag{5-2}$$

式中 $\lambda_w = \dfrac{c}{f_1 - f_2}$ 表示宽项组合波长，ε_w 表示相应的噪声。

　　设 L_1 与 L_2 频率上的周跳分别为 ΔN_1 与 ΔN_2，对 MW 组合进行历元间差分处理之后，上式中的模糊度组合可以表示为

$$\Delta N_w = \Delta N_1 - \Delta N_2 + \varepsilon_{\Delta w} \tag{5-3}$$

　　将上式代入载波相位差分观测方程中，可得

$$\Delta L = \begin{bmatrix} \Delta L_1 - \lambda_1 \Delta N_w \\ \Delta L_2 \end{bmatrix}$$

$$= \begin{bmatrix} 1 & \lambda_1 \\ 1 & \lambda_2 \end{bmatrix} \begin{bmatrix} \Delta(\rho + c \cdot dT - c \cdot dt + d_{\mathrm{trop}}) \\ \Delta N_2 \end{bmatrix} - \begin{bmatrix} k_1 \\ k_2 \end{bmatrix} \Delta \widetilde{I} + \begin{bmatrix} \Delta \xi_1 \\ \Delta \xi_2 \end{bmatrix} \tag{5-4}$$

$$= A \begin{bmatrix} \Delta(\rho + c \cdot dT - c \cdot dt + d_{\mathrm{trop}}) \\ \Delta N_2 \end{bmatrix} - k \Delta \widetilde{I} + \Delta \xi$$

上式中，$A = \begin{bmatrix} 1 & \lambda_1 \\ 1 & \lambda_2 \end{bmatrix}$，$k = [k_1, k_2]^{\mathrm{T}}$，$\Delta \xi = [\Delta \xi_1, \Delta \xi_2]^{\mathrm{T}}$。

　　令 $\rho_0 = \rho + c \cdot dT - c \cdot dt + d_{\mathrm{trop}}$，基于式(5-4)，$L_2$ 上的周跳可表示为

$$\begin{bmatrix} \Delta \hat{\rho}_0 \\ \Delta \hat{N}_2 \end{bmatrix} = (A^{\mathrm{T}} Q^{-1} A)^{-1} A^{\mathrm{T}} Q^{-1} \Delta L \tag{5-5}$$

$$\begin{cases} Q = \mathrm{cov}[-k \Delta \widetilde{I} + \Delta \xi] = \sigma^2_{\Delta \widetilde{I}} k k^{\mathrm{T}} + Q_{\Delta \xi \Delta \xi} - k c^{\mathrm{T}} - c k^{\mathrm{T}} \\ c = \mathrm{cov}[\Delta \xi, \Delta \widetilde{I}] \end{cases} \tag{5-6}$$

　　需要注意的是，精确求解 L_2 上的周跳值需要对式(5-6)中的 Q 进行高精度求解。式(5-4)中的 $\Delta \widetilde{I}$ 可以表示为前一历元的估计值 $d\hat{I}_{(t-1)}$ 与当前历元预报值 $d\bar{I}(t)$ 之差。

$$\Delta \widetilde{I} = d\bar{I}_{(t)} - d\hat{I}_{(t-1)} + e_m \tag{5-7}$$

　　上式中 e_m 是预报模型误差。对于没有周跳的历元，相位观测方程可表示为

$$L = \begin{bmatrix} L_1 - \lambda_1 N_1 - c \cdot dT + c \cdot dt - d_{\mathrm{trop}} \\ L_2 - \lambda_2 N_2 - c \cdot dT + c \cdot dt - d_{\mathrm{trop}} \end{bmatrix} = \begin{bmatrix} 1 & -k_1 \\ 1 & -k_2 \end{bmatrix} \begin{bmatrix} \rho \\ I \end{bmatrix} + \begin{bmatrix} \xi_1 \\ \xi_2 \end{bmatrix} = B \begin{bmatrix} \rho \\ I \end{bmatrix} + \xi$$

$$\tag{5-8}$$

式中，$B = \begin{bmatrix} 1 & -k_1 \\ 1 & -k_2 \end{bmatrix}$，$\xi = [\xi_1 \quad \xi_2]^{\mathrm{T}}$。电离层延迟可表示为

$$\begin{bmatrix} \hat{\rho} \\ \hat{l} \end{bmatrix} = (B^{\mathrm{T}}B)^{-1} \, B^{\mathrm{T}}L \tag{5-9}$$

设电离层延迟系数为 b，因此电离层估计值可表示为

$$\hat{l} = b^{\mathrm{T}}L \tag{5-10}$$

在实际参数处理中，针对电离层不活跃时间段，短时间内 TEC 可以用多项式进行表示。因此，本书利用多项式函数对短时间内的电离层延迟量进行拟合。

$$\hat{l}_{(t)} = \theta_0 + \theta_1 t + \theta_2 t^2 + e'_m \tag{5-11}$$

式中，θ 表示多项式系数，t 为历元时刻，e'_m 为模型拟合残差。通过连续 5 个历元拟合处理，可得

$$I = G\theta + \mathrm{d}I \tag{5-12}$$

式中，$I = \begin{bmatrix} \hat{l}_{(t-5)} & \hat{l}_{(t-4)} & \hat{l}_{(t-3)} & \hat{l}_{(t-2)} & \hat{l}_{(t-1)} \end{bmatrix}^{\mathrm{T}}$，$\theta = \begin{bmatrix} \theta_0 & \theta_1 & \theta_2 \end{bmatrix}^{\mathrm{T}}$，$\mathrm{d}I = \begin{bmatrix} (e'_m)_1 & \cdots & (e'_m)_5 \end{bmatrix}^{\mathrm{T}}$，$G = \begin{bmatrix} 1 & 1 & 1 & 1 & 1 \\ -5 & -4 & -3 & -2 & -1 \\ 25 & 16 & 9 & 4 & 1 \end{bmatrix}^{\mathrm{T}}$。

因此，多项式函数系数可表示为

$$\hat{\theta} = (G^{\mathrm{T}}G)^{-1} \, G^{\mathrm{T}}I \tag{5-13}$$

令当前历元 $t=0$，则预报电离层参数可以表示为

$$\overline{I}_{(t)} = \hat{\theta}_0 = g^{\mathrm{T}}I \tag{5-14}$$

式中，$g = \begin{bmatrix} g_1 & g_2 & g_3 & g_4 & g_5 \end{bmatrix}^{\mathrm{T}}$ 表示 5 个历元电离层延迟系数。将式(5-7)与式(5-14)代入式(5-6)中，可以得到

$$\begin{aligned} \sigma^2_{\Delta\widetilde{I}} &= var[e_m] + var[\mathrm{d}\hat{\theta}_0] + var[\mathrm{d}\hat{l}_{(t-1)}] - 2\mathrm{cov}[\mathrm{d}\hat{\theta}_0, \mathrm{d}\hat{l}_{(t-1)}] \\ &= \sigma^2_m + (g^{\mathrm{T}}g)(b^{\mathrm{T}}b)\sigma^2_L + b^{\mathrm{T}}b\sigma^2_L - 2\mathrm{cov}[g_5\mathrm{d}\hat{l}_{(t-1)}, \mathrm{d}\hat{l}_{(t-1)}] \\ &= \sigma^2_m + [(g^{\mathrm{T}}g) + 1 - 2g_5](b^{\mathrm{T}}b)\sigma^2_L \end{aligned} \tag{5-15}$$

$$\begin{aligned} c &= \mathrm{cov}[\Delta\xi \, \Delta\widetilde{I}] = \mathrm{cov}[-\xi_{(t-1)} \; \mathrm{d}\hat{\theta}_0 - \mathrm{d}\hat{l}_{(t-1)}] \\ &= \mathrm{cov}[-\xi_{(t-1)}(g_5-1) \, b^{\mathrm{T}}\xi_{(t-1)}] = (1-g_5)\sigma^2_L b \end{aligned} \tag{5-16}$$

而式(5-6)中，Q 可以简写为

$$Q = \sigma^2_m k \, k^{\mathrm{T}} + \overline{Q} \tag{5-17}$$

式中，$\overline{Q} = \{(b^{\mathrm{T}}b)[(g^{\mathrm{T}}g) + 1 - 2g_5]k \, k^{\mathrm{T}} + E_2 - (1-g_5)k \, b^{\mathrm{T}} - (1-g_5)b \, k^{\mathrm{T}}\}\sigma^2_L$，$E_2$ 表示二维单位矩阵。基于矩阵求逆准则，Q 可以表示为

$$Q^{-1} = \overline{Q}^{-1} - \frac{\sigma_m^2}{1 + \sigma_m^2 \, k^{\mathrm{T}} \, \overline{Q}^{-1} k} \, \overline{Q}^{-1} k \, k^{\mathrm{T}} \, \overline{Q}^{-1} = \overline{Q}^{-1} - \theta_m M \qquad (5\text{-}18)$$

式中，$M = \overline{Q}^{-1} k \, k^{\mathrm{T}} \, \overline{Q}^{-1}$，$\theta_m = \dfrac{\sigma_m^2}{1 + \sigma_m^2 \, k^{\mathrm{T}} \, \overline{Q}^{-1} k}$。

基于式(5-15)至式(5-18)，模型误差可表示为

$$\sigma_m^2(t) = (1 - \mu) \sigma_m^2(t-2) + \mu \left([\hat{l}_{(t-1)} - \overline{I}_{(t-1)}]^2 - \sigma_I^2(t-1) \right) \qquad (5\text{-}19)$$

式中 μ 表示前一历元的影响系数，$\tilde{\sigma}_I^2 = (g^{\mathrm{T}} g)(b^{\mathrm{T}} b) \sigma_L^2$。

因此，式(5-5)中 $A^{\mathrm{T}} Q^{-1} A$ 的解可以表示为

$$A^{\mathrm{T}} Q^{-1} A = A^{\mathrm{T}} \overline{Q}^{-1} A - \theta_m A^{\mathrm{T}} M A \qquad (5\text{-}20)$$

通过上述公式推导，可以将式(5-20)代入式(5-5)后精确求得 L_2 观测值上的周跳值。同时，将式(5-3)中 ΔN_2 平差小数部分代入，可实现 L_1 相位观测值的周跳探测与修复。在改进的周跳探测与修复算法中，式(5-10)中包含的相邻历元间的整周模糊度、硬件延迟等常数偏差不会影响周跳探测结果。

本书中改进的双频周跳探测与修复方法可以修正传统 Turboedit 算法中存在的缺点，利用多项式模型对电离层延迟量进行准确预报处理，并考虑历元间的相关性影响。另外，本书提出的算法是针对单历元进行处理的，有效地提高了数据的可用率。总的来说，与传统的 Turboedit 相比，本书提出的周跳探测与修复方法的优点可总结如下：① 算法是基于预报的电离层延迟量而不是无几何距离组合，因此可以解决双频组合中特殊周跳比的问题，如 GPS 观测值中的 1∶1，9∶7 等；② 算法精度较 Turboedit 中的 MW 和 GF 组合更高，因为传统方法必须对 GF 进行拟合处理，同时忽略了历元间电离层参数的相关性影响；③ 在估计电离层延迟量时，算法中考虑伪距观测值存在较大噪声的特性，而不考虑伪距观测数据；④ 式(5-14)中的常数项对电离层的影响可以忽略，当 $\sum\limits_{i=1}^{5} g_i = 1$，因为 $\delta \Delta I_{t,t-1} = \delta \overline{I}_{(t)} - \delta \overline{I}_{(t-1)} = g^{\mathrm{T}} \delta I - \delta \hat{l}_{(t-1)} = \sum\limits_{i=1}^{5} (g_i - 1) \, b^{\mathrm{T}} \delta N = 0$。

为进一步说明本书提出的周跳探测与修复算法，图 5-19 给出了相应的数据处理流程。同样地，选取 iGMAS 与 MGEX 跟踪网观测数据验证本书提出的算法可行性与精度。首先基于 iGMAS(WHU1 与 LHA1)与 MGEX(LHAZ)无周跳观测数据提取 L_2 观测数据小数部分；利用连续四天(年积日 183—186，2017)30 s 采样间隔进行周跳探测与修复实验。考虑实验数据集较大，选择 G01、C01、C06、C14 和 C32 分别代表 GPS、BDS GEO、BDS IGSO、BDS MEO 和

BDS-3 进行结果分析。表 5-5 中给出了 G01 卫星周跳小数部分最大值、平均值、STD 以及修复比例。同样地，BDS 卫星的处理结果列于表 5-6 中（C06 卫星丢失），其结果主要是基于 LHA1 测站的分析结果。

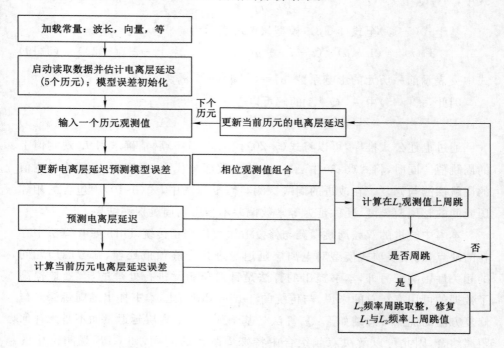

图 5-19　周跳探测与修复流程

表 5-5　G01 卫星 L_2 观测数据小数部分统计（周）

测站	年积日	最大值	平均值	STD	修复率/%
LHA1	183	0.469	0.013	0.114	100
	184	0.242	0.006	0.091	100
	185	0.366	0.006	0.113	100
	186	0.422	0.029	0.141	100
LHAZ	183	0.546	0.003	0.125	99.92
	184	0.201	0.045	0.064	100
	185	0.307	0.089	0.086	100
	186	0.373	0.033	0.072	100

表 5-5(续)

测站	年积日	最大值	平均值	STD	修复率/%
WHU1	183	0.577	0.013	0.133	99.92
	184	0.322	0.051	0.092	100
	185	0.572	0.005	0.137	99.68
	186	0.505	0.001	0.133	99.84

表 5-6　LHA1 测站 C01、C06、C14 卫星 B2 频率小数部分与
C32 卫星 B3 小数部分估计值(周)

年积日	卫星	最大值	平均值	STD	修复率/%
183	C01	0.178	0.003	0.125	100
	C06	0.137	0.001	0.051	100
	C14	0.259	0.013	0.071	100
	C32	0.129	0.014	0.094	100
184	C01	0.201	0.045	0.064	100
	C06	—	—	—	—
	C14	0.259	0.019	0.068	100
	C32	0.183	0.056	0.106	100
185	C01	0.089	0.307	0.087	100
	C06	0.212	0.023	0.058	100
	C14	0.239	0.083	0.066	100
	C32	0.166	0.081	0.138	100
186	C01	0.373	0.033	0.072	100
	C06	0.196	0.035	0.045	100
	C14	0.386	0.051	0.125	100
	C32	0.148	0.033	0.137	100

在表 5-6 中 LHA1 测站连续四天 BDS 的周跳探测与修复率接近 100%。与此同时,其最大值相较于表 5-5 中的 G01 明显小,可确保取整后的修复率。但是,需要注意的是,C32 的处理结果较 BDS-2 好。通过实验分析,本书提出的周跳探测与修复方法对 BDS 数据处理更加有效,尤其是 BDS-3 试验星的处理。图5-20与图 5-21 中列出了所有历元的估计的小数部分以具体说明参数处理细节。

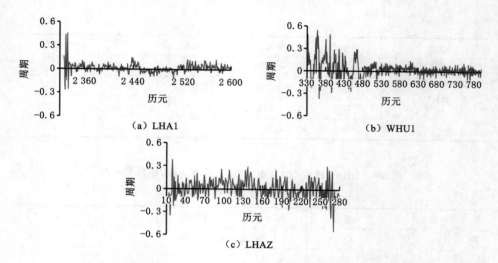

图 5-20　年积日 183 天 G01 卫星 L_2 观测数据处理后小数部分序列

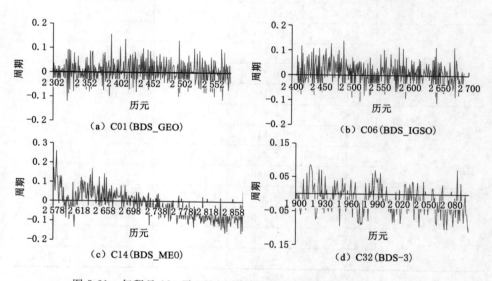

图 5-21　年积日 183 天 LHA1 测站 BDS 卫星 B2(C01,C06,C14)与
B3(C32)观测数据小数部分时间序列

在图 5-20 中,列出了 G01 卫星 183 天三个测站的小数部分时间序列,其中可以发现 iGMAS 观测数据随着时间增加逐渐收敛。由于本书采用的是单历元数据处理策略,起始历元受观测噪声影响较明显。另外,MGEX 观测数据整体小于0.3周。类似地,图 5-21 给出了三种类型的 BDS 卫星以及 BDS-3 试验星的处理结果,

其数值大多数小于 0.2 周。但是,结果表明周跳估计值小数部分 MEO 较 IGSO 与 GEO 略差,其存在的趋势项主要是 MEO 卫星中存在的伪距偏差所致。总的来说,通过 iGMAS 与 MGEX 观测数据测试分析,本书提出的周跳探测与修复方法精度是可以满足精密定轨需求的,其相应的修复率接近 100%。

其次,通过人为加入一组周跳进行算法的测试与分析。考虑 Turboedit 算法无法对特殊组合例如 1∶1 和 9∶7 进行有效处理,实验中选择了六种组合,即(0,1)、(1,0)、(1,1)、(9,7)、(100,1)和(790,563),对改进的算法进行分析。采用与上一个实验同样的观测数据加入周跳,修复结果基于浮点解取整。表 5-7 给出了 G01、C01、C06、C14 和 C32 卫星 LHA1 测站 183 天的实验结果。从结果可以看出基于改进的周跳探测与修复算法基本上可以对 GPS 和 BDS 进行完全修复处理。但是,在 2 600 历元的周跳结果是(0.525,0.698),比较难修正至整数。从整个实验结果来看,这种结果可以不用考虑,其对最终的结论没有明显的影响。实验结果进一步表明本书提出的改进的周跳探测与修复方法较传统 Turboedit 更加优越,尤其是对于修复结果而言。同时,分析了估计与预报的电离层延迟量之差,以说明多项式模型的可靠性。图 5-22 给出了 LHA1 测站 G01、C06、C14 以及 C32 卫星电离层残差值,其随着时间增加整体小于 0.02 m是可以满足周跳探测与修复精度需求的。

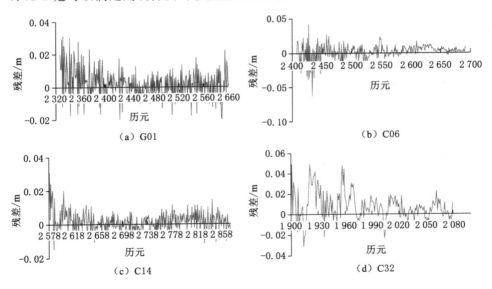

（a）G01　　　　　　　　　　（b）C06

（c）C14　　　　　　　　　　（d）C32

图 5-22　预报与估计的电离层残差值

表 5-7　基于改进的周跳探测与修复算法以及 Turboedit 方法求解的 GPS(G01)以及 BDS-2 三种类型卫星(C01,C06,C14),以及 BDS-3 试验星(C32)的 183 天 LHA1 周跳探测与修复结果(周)

卫星	历元	Cycle Slips (L_1,L_2),(B_1,B_2) or (B_1,B_3)	估计算法				Turboedit			
			估计值	ΔN_1	ΔN_2 (ΔN_3)	True or False	估计值	ΔN_1	ΔN_2 (ΔN_3)	True or False
G01	2400	(0,1)	(−0.037,1.113)	0	1	T	(0.486,0.302)	0	0	F
	2500	(1,0)	(0.908,0.031)	1	0	T	(0.442,0.334)	0	0	F
	2600	(1,1)	(0.525,0.698)	1	1	T	(0.301,0.755)	0	1	F
	2600	(9,7)	(8.977,6.969)	9	7	T	(9.986,6.421)	10	6	F
	2500	(790,563)	(789.972,563.108)	790	563	T	(763.865,588.601)	764	589	F
C01	2400	(100,1)	(99.989,1.012)	100	1	T	(99.856,0.581)	100	1	T
	100	(0,1)	(0.042,1.063)	1	1	T	(0.014,0.882)	0	1	T
	150	(1,0)	(0.975,−0.006)	1	0	T	(0.745,1.639)	1	2	F
	210	(1,1)	(1.195,1.161)	1	1	T	(1.802,1.930)	2	2	F
	150	(790,563)	(789.975,563.205)	790	563	T	(765.338,589.172)	765	589	F
	150	(100,1)	(99.743,0.934)	100	1	T	(99.663,1.015)	100	1	T
C06	2500	(0,1)	(0.083,1.071)	0	1	T	(0.293,0.985)	0	1	T
	2600	(1,0)	(1.029,0.017)	1	0	T	(1.633,0.441)	2	0	T
	2700	(1,1)	(1.047,0.975)	1	1	T	(1.112,0.994)	1	1	T
	2700	(790,563)	(790.221,562.909)	790	563	T	(788.920,568.202)	789	568	F
	2700	(100,1)	(100.023,0.805)	100	1	T	(101.043,0.189)	101	0	F

表 5-7（续）

卫星	历元	Cycle Slips (L_1,L_2),(B1,B2) or (B1,B3)	估计算法				Turboedit			
			估计值	ΔN_1	ΔN_2 (ΔN_3)	True or False	估计值	ΔN_1	ΔN_2 (ΔN_3)	True or False
C14	2500	(0,1)	(0.029,1.045)	0	1	T	(0.254,0.935)	0	1	T
	2600	(1,0)	(0.941,0.019)	1	0	T	(1.338,0.014)	1	0	T
	2700	(1,1)	(0.995,1.024)	1	1	T	(1.733,0.696)	2	1	F
	2700	(790,563)	(789.891,562.990)	790	563	T	(762.284,589.445)	762	589	F
	2700	(100,1)	(99.987,0.902)	100	1	T	(98.472,0.809)	98	1	F
C32	1950	(0,1)	(0.031,0.992)	0	1	T	(0.044,1.021)	0	1	T
	2000	(1,0)	(1.043,−0.012)	1	0	T	(0.994,0.852)	1	1	F
	2050	(1,1)	(1.113,1.093)	1	1	T	(1.442,0.843)	1	1	T
	2050	(790,563)	(789.998,563.014)	790	563	T	(764.745,566.233)	765	566	F
	2050	(100,1)	(99.940,0.982)	100	1	T	(99.493,0.984)	99	1	F

5.4　本章小结

　　本章基于分析中心新一代卫星定轨任务需求,着手研究了新卫星定轨相关策略。首先,从数据预处理角度分析了 iGMAS 跟踪站数据质量。实验发现 iG-MAS 跟踪站数据具有很好的连续性,但跟踪站数据的有效率不高,且 GPS 数据质量存在周跳比异常的现象;其次,就定轨过程设计了两种定轨策略:策略一采用"一步法"定轨,固定 MGEX 跟踪站相关参数进行融合定轨,这种方法依靠 MGEX 跟踪站数据提高 iGMAS 跟踪站相关参数;策略二采用"两步法",即通过 PPP 方法先固定 iGMAS 跟踪站相关参数,在此基础上利用 iGMAS 跟踪站数据进行新一代卫星轨道钟差确定,这种方法有效地提高了 iGMAS 跟踪站的数据使用率,间接地提高了定轨过程的参数解算精度。

　　基于上述两种策略,本书采用连续 32 天的观测数据进行了新一代卫星定轨实验,并统计了重叠弧段,对比了武汉大学 iGMAS 分析中心计算的轨道钟差精度。从实验结果看,"两步法"计算卫星轨道优于"一步法",但外符合精度有所降低,具体原因可能与对比的星历本身精度有关。但是,两种策略确定的轨道钟差精度仍然无法达到常规定轨的精度。为了研究其中原因,利用 Allen 方差的方法分析了解算出的钟差稳定性,从 32 天的千分秒稳定性的时间序列可以看出,BDS-3 新卫星钟的稳定性欠佳。

　　同时,由于新一代卫星相关模型及参数均按照 BeiDou-2 设置,其不可避免地降低了定轨精度,下一步可利用激光数据与 iGMAS 观测数据融合定轨的方法校正模型中相关系统误差。

6 BDS-2/BDS-3 联合定轨系统偏差分析及其处理方法

中国北斗系统正按北斗一号(BDS-1)卫星导航试验系统、北斗二号(BDS-2)卫星导航系统、北斗三号(BDS-3)全球卫星导航系统"三步走"战略发展(Yang et al.,2011)。其中,北斗一号卫星导航试验系统由先后发射的 GEO 卫星组成。2012 年 12 月,由 5 颗 GEO、5 颗 IGSO 和 4 颗 MEO 卫星组成的北斗二号卫星导航系统正式服务亚太区域。2015 年 3 月,北斗新一代试验卫星 BeiDou I1-S 发射入轨,标志着北斗系统由区域向全球发展。截至 2017 年 6 月,BDS-3 试验星共有五颗卫星(C31~C35)在轨。2017 年 12 月,陆续发射 10 颗(C19/C20/C21/C22/C24/C25 C27/C28/C29/C30)组网星,构成了 BDS-3 最简系统。北斗系统于 2020 年通过 30 颗 BDS-3(3 颗 GEO、24 颗 MEO 和 3 颗 IGSO)实现了覆盖全球的 PNT 服务。但是,未来一段时间内 BDS-3 与 BDS-2 将会共同构成北斗卫星导航系统,有必要对 BDS-3/BDS-2 联合精密定轨进行研究。

针对 BDS-3 与 BDS-2 精密定轨,学者主要利用 B1I/B3I 信号评估了 BDS-3 试验星轨道与钟差(Tan et al.,2016;Zhao et al.,2017)。通过评估,BDS-3 试验星轨道重叠弧段径向与切向分别由 10.0 cm、25.0 cm 提升至 3.7 cm、7.9 cm。这主要是由于跟踪站数据的完善以及轨道模型的进一步精化,如偏航姿态等。相较于 BDS-2,BDS-3 具有诸多新特征:配备了更稳定的星载原子钟,日稳定性较 BDS-2 提高 1 个量级;采用"星-星"与"星-地"链路互通设计,改善了定轨几何构型;卫星几何形状、天线相位中心等与 BDS-2 卫星均存在较大差异;观测数据增加了新观测信号(B1C/B2a)。然而目前多系统联合定轨策略中将 BDS-2 与 BDS-3 统一处理,并未顾及不同卫星类型间的差异。

由于 BDS-3 新卫星、新技术与新观测信号的加入,增加了定轨与定位中的有益观测信息,理论上可以获取精度更高的参数解算结果。然而,BDS-2 与

BDS-3 之间的差异,以及观测数据中存在与接收机类型相关的误差,导致观测数据中存在系统偏差。在数据处理中,将不同类型卫星之间存在于观测数据中的偏差定义为 ISB,其是 GNSS 数据融合的关键问题之一。在 BDS-2 与 BDS-3 试验星联合定轨中,Li 等(2018)通过 iGMAS 跟踪站基于 B1I/B3I 验证了 BDS-3 试验星与 BDS-2 之间无明显 ISB 存在,但是其并没有考虑数据质量以及跟踪站稳定性等因素的影响;Hu 等(2018)基于两步法,通过引入七参数消除 BDS-2 与 BDS-3 试验星之间的系统偏差,但无法对 ISB 参数进行建模分析。目前,针对北斗不同类型卫星联合多系统定轨 ISB 参数处理策略主要有三种:忽略 ISB 参数、归为同一参数、设为不同参数。但是,这些处理方法都是基于 ISB 参数稳定的假设。

研究发现 ISB 普遍存在于 GNSS 观测数据中,如 GPS/GLONASS/BDS/Galileo 多系统融合数据处理;北斗系统不同类型卫星(GEO/IGSO/MEO)之间同样存在 ISB。为修正 ISB 对定轨与定位的影响,主要有三种处理策略:① 通过星间单差实现多系统之间的观测数据松组合;② 通过非差观测模型估计 ISB 参数,实现多系统的紧组合;③ 将 ISB 参数与接收机钟差、模糊度以及伪距残差合并,简化数据处理模型。然而,这些处理方法各自存在明显的局限性,如无法获得 ISB 参数绝对量、无法准确进行建模分析等。因此,本章将针对 BDS-3 与 BDS-2 联合定轨中新信号以及不同类型卫星引起的 ISB 进行准确估计与建模分析。本章将从定轨角度出发,研究 BDS-2/BD2-3 联合定轨中 ISB 参数的存在性及其处理方法。

6.1 改进的联合定轨 ISB 参数解算模型

6.1.1 联合定轨 ISB 参数估计原理

设非差无电离层组合 GPS/BDS-2/BDS-3 联合定轨观测方程为

$$
\begin{cases}
\varphi_{r,IF}^{C3} = \psi_r^{C3} \cdot (\Phi(t,t_0)^{C3} \cdot o_0^{C3} - r_r) - dt^{C3} + dt_r + \\
\qquad \lambda_{IF,C3} \cdot (b_{r,C3,IF} - b_{IF}^{C3} + N_{r,IF}^{C3}) + m_{r,trop} \cdot ZTD_r + \varepsilon_{r,IF}^{C3} \\
\varphi_{r,IF}^{C2} = \psi_r^{C2} \cdot (\Phi(t,t_0)^{C2} \cdot o_0^{C2} - r_r) - dt^{C2} + dt_r + \\
\qquad \lambda_{IF,C2} \cdot (b_{r,C2,IF} - b_{IF}^{C2} + N_{r,IF}^{C2}) + m_{r,trop} \cdot ZTD_r + \varepsilon_{r,IF}^{C2} \\
\varphi_{r,IF}^{G} = \psi_r^{G} \cdot (\Phi(t,t_0)^{G} \cdot o_0^{G} - r_r) - dt^{G} + dt_r + \\
\qquad \lambda_{IF,G} \cdot (b_{r,G,IF} - b_{IF}^{G} + N_{r,IF}^{G}) + m_{r,trop} \cdot ZTD_r + \varepsilon_{r,IF}^{G}
\end{cases}
\tag{6-1}
$$

$$
\begin{cases}
p_{\mathrm{r,IF}}^{\mathrm{C3}} = \psi_{\mathrm{r}}^{\mathrm{C3}} \cdot (\Phi(t,t_0)^{\mathrm{C3}} \cdot o_0^{\mathrm{C3}} - r_{\mathrm{r}}) - dt^{\mathrm{C3}} + dt_{\mathrm{r}} + \\
\qquad\quad c \cdot (d_{\mathrm{r,C3,IF}} - d_{\mathrm{IF}}^{\mathrm{C3}}) + m_{\mathrm{r,trop}} \cdot \mathrm{ZTD}_{\mathrm{r}} + e_{\mathrm{r,IF}}^{\mathrm{C3}} \\
p_{\mathrm{r,IF}}^{\mathrm{C2}} = \psi_{\mathrm{r}}^{\mathrm{C2}} \cdot (\Phi(t,t_0)^{\mathrm{C2}} \cdot o_0^{\mathrm{C2}} - r_{\mathrm{r}}) - dt^{\mathrm{C2}} + dt_{\mathrm{r}} + \\
\qquad\quad c \cdot (d_{\mathrm{r,C2,IF}} - d_{\mathrm{IF}}^{\mathrm{C2}}) + m_{\mathrm{r,trop}} \cdot \mathrm{ZTD}_{\mathrm{r}} + e_{\mathrm{r,IF}}^{\mathrm{C2}} \\
p_{\mathrm{r,IF}}^{\mathrm{G}} = \psi_{\mathrm{r}}^{\mathrm{G}} \cdot (\Phi(t,t_0)^{\mathrm{G}} \cdot o_0^{\mathrm{G}} - r_{\mathrm{r}}) - dt^{\mathrm{G}} + dt_{\mathrm{r}} + \\
\qquad\quad c \cdot (d_{\mathrm{r,G,IF}} - d_{\mathrm{IF}}^{\mathrm{G}}) + m_{\mathrm{r,trop}} \cdot \mathrm{ZTD}_{\mathrm{r}} + e_{\mathrm{r,IF}}^{\mathrm{G}}
\end{cases}
\tag{6-2}
$$

式(6-1)、式(6-2)分别表示载波相位和伪距观测方程。C2/C3/G 分别表示 BDS-2/BDS-3/GPS；ψ 表示星地间方向向量；Φ、o、r_{r} 分别表示旋转矩阵、卫星初始状态向量和测站位置向量；dt^{G}、dt_{r} 分别表示接收机钟差与卫星钟差参数；c、m、ZTD 分别表示光速、对流层映射函数和对流层天顶延迟参数；$d_{\mathrm{r,G,IF}}$、$d_{\mathrm{IF}}^{\mathrm{G}}$ 与 $b_{\mathrm{r,G,IF}}$、$b_{\mathrm{IF}}^{\mathrm{G}}$ 分别表示接收机与卫星对应的伪距与相位硬件延迟；e、ε 分别表示伪距、载波相位观测方程残差。

式(6-1)、式(6-2)中，令

$$
\begin{cases}
\overline{dt}_{\mathrm{r,G,IF}} = dt_{\mathrm{r}} + d_{\mathrm{r,G,IF}} \\
\overline{dt}_{\mathrm{r,C2,IF}} = dt_{\mathrm{r}} + d_{\mathrm{r,C2,IF}} = \overline{dt}_{\mathrm{r,G,IF}} + \mathrm{ISB}_{\mathrm{G\_C2}} \\
\overline{dt}_{\mathrm{r,C3,IF}} = dt_{\mathrm{r}} + d_{\mathrm{r,C3,IF}} = \overline{dt}_{\mathrm{r,G,IF}} + \mathrm{ISB}_{\mathrm{G\_C3}}
\end{cases}
\tag{6-3}
$$

式中 $\mathrm{ISB}_{\mathrm{G\_C2}}$ 与 $\mathrm{ISB}_{\mathrm{G\_C3}}$ 表示 GPS 与 BDS-2 和 BDS-3 之间的系统偏差参数。设模糊度参数为

$$
\begin{cases}
\overline{N}_{\mathrm{r,IF}}^{\mathrm{G}} = b_{\mathrm{r,G,IF}} - b_{\mathrm{IF}}^{\mathrm{G}} + N_{\mathrm{r,IF}}^{\mathrm{G}} \\
\overline{N}_{\mathrm{r,IF}}^{\mathrm{C2}} = b_{\mathrm{r,C2,IF}} - b_{\mathrm{IF}}^{\mathrm{C2}} + N_{\mathrm{r,IF}}^{\mathrm{C2}} \\
\overline{N}_{\mathrm{r,IF}}^{\mathrm{C3}} = b_{\mathrm{r,C3,IF}} - b_{\mathrm{IF}}^{\mathrm{C3}} + N_{\mathrm{r,IF}}^{\mathrm{C3}}
\end{cases}
\tag{6-4}
$$

定轨参数估计过程中为了避免法方程秩亏，对 ISB 参数构建零均值约束条件，即

$$
\begin{cases}
\mathrm{ISB}_{\mathrm{G\_C2,r1}} + \mathrm{ISB}_{\mathrm{G\_C2,r2}} + \cdots + \mathrm{ISB}_{\mathrm{G\_C2,rn}} = 0 \\
\mathrm{ISB}_{\mathrm{G\_C3,r1}} + \mathrm{ISB}_{\mathrm{G\_C3,r2}} + \cdots + \mathrm{ISB}_{\mathrm{G\_C3,rn}} = 0
\end{cases}
\tag{6-5}
$$

上式中 n 表示跟踪站个数。针对某一跟踪站，BDS-2/BDS-3 系统偏差表示为

$$
\mathrm{ISB}_{\mathrm{r,C3\_C2}} = \mathrm{ISB}_{\mathrm{r,G\_C3}} - \mathrm{ISB}_{\mathrm{r,G\_C2}}
\tag{6-6}
$$

在上述参数估计过程中，引入 GPS 观测数据以提高参数解算精度。但是，联合 BDS-2/BDS-3 定轨中仍存在如下主要问题：① 定轨策略中基于 ISB 稳定性进行参数设置，然而其稳定性主要针对定轨弧段中间部分，两端则不稳定；② 未充分挖掘前后历元间相关性以及观测信息，导致观测数据较少的情况下

参数无法准确估计;③ 通过跟踪站数据质量分析可知,BDS-3 观测数据完好性较低,其必然影响参数估计精度;④ 定轨中测站坐标、钟差等参数与轨道、ISB参数整体解算过程容易相互产生影响。

针对联合定轨参数估计中存在的问题,通过改进定轨策略,如对测站坐标、对流层、钟差等参数施加强约束条件;或者充分利用 ISB 参数稳定特性,对其参数估计随机模型进行改进,对 ISB 参数进行合理约束。而对于观测信息利用不充分的问题,可通过观测值域内奇异值分解,将历元间有用信息进行有效传递。为了提高 BDS-2/BDS-3 联合定轨中 ISB 参数解算精度,以便准确分析偏差参数特性,本书提出一种改进的联合定轨 ISB 估计方法,即采用奇异值分解的方法,充分利用历元之间的观测信息,并对数据中断以及观测弧段两端 ISB 参数进行短期预报。

6.1.2　改进的联合定轨 ISB 估计策略

为了便于论述,将式(6-1)与式(6-2)进行简化,则对于第 k 个历元

$$l_k = \begin{bmatrix} \varphi_k \\ P_k \end{bmatrix} = G_k \beta_k + \eta_k \tag{6-7}$$

式中,β 为卫星轨道、ISB 等定轨待估参数;η 为残差矩阵。对系数矩阵 G_k 进行分解得

$$G_k = U_k^T \begin{bmatrix} D_k & 0 \\ 0 & 0 \end{bmatrix} V_k = \begin{bmatrix} U_{k,1} \\ U_{k,2} \end{bmatrix}^T \begin{bmatrix} D_k & 0 \\ 0 & 0 \end{bmatrix} \begin{bmatrix} V_{k,1} \\ V_{k,1} \end{bmatrix} = U_{k,1}^T D_k V_{k,1} \tag{6-8}$$

令 $\theta_k = \begin{bmatrix} \theta_{k,1} \\ \theta_{k,2} \end{bmatrix} = \begin{bmatrix} V_{k,1} \beta_k \\ V_{k,2} \beta_k \end{bmatrix}$, $\beta_k = V_k^T \theta_k = V_{k,1}^T \hat{\theta}_{k,1} + V_{k,2}^T \hat{\theta}_{k,2}$,则上式可表示为

$$\begin{bmatrix} U_{k,1} l_k \\ U_{k,2} l_k \end{bmatrix} = \begin{bmatrix} D_k \theta_{k,1} \\ 0 \cdot \theta_{k,2} \end{bmatrix} + \begin{bmatrix} U_{k,1} \eta_k \\ U_{k,2} \eta_k \end{bmatrix} \tag{6-9}$$

$$\hat{\theta}_{k,1} = D_k^{-1} U_{k,1} l_k = D_k^{-1} [U_{k,1,1} \quad U_{k,1,2}] \begin{bmatrix} \varphi_k \\ P_k \end{bmatrix} \tag{6-10}$$

$$Q_{\theta_1 \theta_1, k} = \text{cov}[d \hat{\theta}_{k,1}]$$

$$= (U_{k,1,1}^T D_k^{-1} Q_{\varepsilon\varepsilon, k}^{-1} D_k^{-1} U_{k,1,1} + U_{k,1,2}^T D_k^{-1} Q_{\varepsilon\varepsilon, k}^{-1} D_k^{-1} U_{k,1,2})^{-1} \tag{6-11}$$

式(6-11)中 $Q_{\varepsilon\varepsilon}$ 与 $Q_{\varepsilon\varepsilon}$ 分别对应式(6-1)与式(6-2)。为了讨论历元间相关性,设第 k 历元 j 卫星对应的观测方程为

$$\varphi_{k,j} = a_{k,j}^T \beta_k + \lambda \cdot N_j + \varepsilon_{k,j} \tag{6-12}$$

对式(6-12)求历元间差分,消除模糊度参数及相关常量。

$$\delta\varphi_{k,j} = a_{k,j}^{\mathrm{T}}\beta_k - a_{k-1,j}^{\mathrm{T}}\beta_{k-1} + \varepsilon_{k,j} - \varepsilon_{k-1,j} \tag{6-13}$$

因此,观测方程可表示为

$$\widetilde{\varphi}_{k,j} = \delta\varphi_{k,j} + a_{k-1,j}^{\mathrm{T}}\hat{\beta}_{k-1} = a_{k,j}^{\mathrm{T}}\hat{\beta}_k + a_{k-1,j}^{\mathrm{T}}d\hat{\beta}_{k-1} + \varepsilon_{k,j} - \varepsilon_{k-1,j} \tag{6-14}$$

类似地,可得伪距历元间差分观测方程,则当前历元总观测方程可表示为

$$y_k = A_k\beta_k + A_{k-1}d\hat{\beta}_{k-1} + \omega_k - \omega_{k-1} \tag{6-15}$$

将式(6-10)代入式(6-15),可得

$$\begin{aligned} y_k &= A_k\beta_k + A_{k-1}V_{k-1,1}^{\mathrm{T}}d\hat{\theta}_{k-1,1} + A_{k-1}V_{k-1,2}^{\mathrm{T}}d\hat{\theta}_{k-1,2} + \omega_k - \omega_{k-1} \\ &= A_k\beta_k + \mu_k \end{aligned} \tag{6-16}$$

式(6-16)中模型协因数可表示为

$$\begin{aligned} Q_{\mu\mu,k} &= \mathrm{cov}[\omega_k] \\ &= A_{k-1}V_{k-1,1}^{\mathrm{T}}Q_{\theta_1\theta_1,k-1}V_{k-1,1}A_{k-1}^{\mathrm{T}} + A_{k-1}V_{k-1,2}^{\mathrm{T}}Q_{\theta_2\theta_2,k-1}V_{k-1,2}A_{k-1}^{\mathrm{T}} + Q_{\alpha\omega,k} + \\ &\quad Q_{\alpha\omega,k-1} - A_{k-1}V_{k-1,1}^{\mathrm{T}}C_{k-1} - C_{k-1}^{\mathrm{T}}V_{k-1,1}A_{k-1}^{\mathrm{T}} \end{aligned} \tag{6-17}$$

$$C_{k-1} = \mathrm{cov}[d\hat{\theta}_{k-1,1}, \omega_{k-1}] \tag{6-18}$$

为了便于讨论,令式(6-9)中

$$\hat{\theta}_{k,2} = 0 \text{ 且 } Q_{\theta_2\theta_2,k} = 0 \tag{6-19}$$

因此,式(6-17)可表示为

$$\begin{aligned} Q_{\mu\mu,k} &= A_{k-1}V_{k-1,1}^{\mathrm{T}}Q_{\theta_1\theta_1,k-1}V_{k-1,1}A_{k-1}^{\mathrm{T}} + Q_{\alpha\omega,k} + Q_{\alpha\omega,k-1} - \\ &\quad A_{k-1}V_{k-1,1}^{\mathrm{T}}C_{k-1} - C_{k-1}^{\mathrm{T}}V_{k-1,1}A_{k-1}^{\mathrm{T}} \end{aligned} \tag{6-20}$$

同时

$$Q_{\beta,k} = \mathrm{cov}[d\hat{\beta}_k] = (A_k^{\mathrm{T}}Q_{\mu\mu,k}^{-1}A_k)^{-1} \tag{6-21}$$

$$\hat{\beta}_k = Q_{\beta,k}A_k^{\mathrm{T}}Q_{\mu\mu,k}^{-1}y_k \tag{6-22}$$

采用上述参数估计过程,估计历元间的相关性,可实现对 ISB 参数的准确求解。同时,针对定轨过程中,边界弧段发散现象(Hu et al.,2018),由于轨道、钟差及 ISB 参数之间具有相关性,同样会导致 ISB 参数发散。因此,有必要对两端 ISB 参数重新进行处理。本章采用多项式预报的方法,对两端的 ISB 进行约束处理。为准确获取当前历元 ISB,可通过精确求解其他历元预报获得。由于一天内的 ISB 趋于稳定,且与时间近似呈线性关系,所以本章基于多项式模型对 ISB 进行拟合与预报。

设当前历元 ISB 为 γ,则基于多项式模型可得

$$\hat{\gamma}(t) = \nu_0 + \nu_1 t + \cdots + \nu_s t^s + \zeta'_m \tag{6-23}$$

上式中，ν 为多项式系数；t 为历元标记；ζ'_m 为模型拟合残差；s 为多项式阶数，其可由赤池准则确定（AKAIKE et al.，1973）。假设利用若干历元 ISB 描述其变化函数模型，则式(6-23)可简化为

$$\gamma = R\nu + d\nu \tag{6-24}$$

因此，ISB 函数模型系数为

$$\hat{\nu} = (R^T R)^{-1} R^T \gamma \tag{6-25}$$

设当前历元 $t = 0$，则预报的当前历元 ISB 延迟量为

$$\bar{\gamma}(t) = \hat{\nu}_0 \tag{6-26}$$

通过上式逐历元求解观测弧段边界 ISB 参数，实现整个弧段内 ISB 参数的准确求解。下面将通过对比进行 BDS-2/BDS-3 联合定轨中 ISB 参数的验证。

6.2　联合定轨 ISB 参数估计实验与分析

6.2.1　联合定轨 ISB 参数估计结果

在 BDS-2/BDS-3 联合定轨中，为探讨 ISB 参数的存在性，首先通过联合定轨实验进行分析。实验基于年积日 2018 年第 110—130 天的 MGEX 与 iGMAS 观测数据（跟踪站分布见图 6-1）进行 BDS-2、BDS-3e、BDS-3 和 GPS 卫星联合定轨。定轨跨度采用单天弧段，其他策略参考相关文献（Hu et al.，2018）。需要注意的是实验中分别利用 B1I/B3I 与 B1C/B2a 进行了相应的验证，其中 B1C/B2a 的卫星 PCO 采用 B1I/B3I 代替，并将 ISB 设置为一天对应一个常数解。实验步骤具体如下。

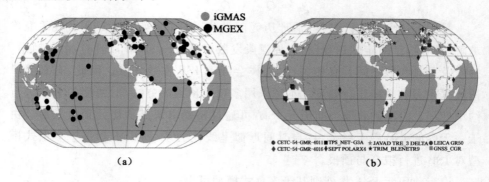

图 6-1　联合定轨测站分布

第一步:利用北斗的 B1I/B3I 观测数据分别进行 GPS＋BDS-2、GPS＋BDS-3e 与 GPS＋BDS-3 联合定轨实验,通过估计各定轨方案中的 ISB 参数进行对比分析。实验中,针对不同类型接收机,分别对 ISB 参数进行统计分析。

第二步:基于北斗 B1C/B2a 进行 GPS＋BDS-3 联合定轨实验,针对不同类型接收机提取 ISB 参数。实验中由于可跟踪 B1C/B2a 信号较少,为了提高参数解算的可靠性,实验中首先固定测站坐标、钟差以及地球自转参数等。

为了充分说明联合定轨 ISB 的存在性以及特性,上述两步实验按接收类型分别进行了参数统计,如图 6-2 所示。同时,为了清楚表示各接收机 ISB 天与天之间的变化趋势,图 6-2(a)、(b)、(c)中对于 ISB 较大的接收机,如 gnss_ggr 暂时没有绘出。相应的 ISB 均值统计结果如表 6-1 所示,其中分别计算了基于北斗 B1I/B3I 与基于 BDS-3 的 B1C/B2a 的统计结果。

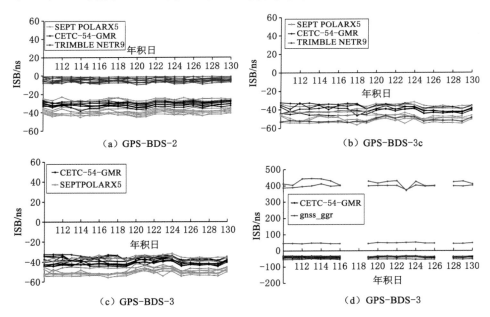

图 6-2 利用北斗不同频率的 BDS/GPS 联合定轨 ISB 时间序列

通过分别联合 GPS 与北斗不同类型卫星进行精密定轨,估计各定轨过程中跟踪站 ISB 参数,基于连续 21 天的数据统计结果可得如下主要结论:① GPS 与 BDS-2/BDS-3e/BDS-3 之间的系统偏差参数可通过联合定轨估计得到,但结果易受测站数据质量影响,其稳定性针对不同的接收机差异较大;② 不同类型接收机所估计出的系统偏差参数存在分群现象,如 TRIMBLE 与 SEPT PO-

LARX5;同时由于接收机间性能差异,同类接收机其系统偏差参数也存在较大差异,如 gnss_ggr;③ 同类但不同型号接收机同样会产生系统偏差差异,如 SEPT POLARX5 5.1.2 与 SEPT POLARX5 5.1.0;④ BDS-2 与 BDS-3e 之间存在系统偏差,同样 BDS-2 与 BDS-3 组网星之间也存在系统偏差;但对于 MGEX 跟踪站,BDS-2 与 BDS-3 组网星之间系统偏差较小;⑤ 针对 BDS-3 播发的新信号 B1C 与 B2a,通过对比可发现 BDS-2 与 BDS-3 存在明显的系统偏差。

表 6-1　基于 B1I/B3I 与 B1C/B2a 信号的 BDS-2 与 BDS-3 之间的偏差　单位:ns

测站	接收机	Biases(BDS2-BDS3e) B1I/B3I	Biases(BDS2-BDS3e) B1I/B3I	Biases(BDS2-BDS3) B1C/B2a
BJF1	CETC-54-GMR-4016	7.09	5.80	27.28
BRCH		7.29	6.96	30.00
LHA1		10.29	6.34	28.37
WHU1		7.54	8.01	35.15
CLGY		7.42	9.77	37.03
ICUK		8.55	8.74	31.35
CANB	CETC-54-GMR-4011	8.21	8.45	30.01
DWIN		7.47	8.37	39.00
PETH		8.49	8.39	24.16
ZHON		6.91	7.72	35.93
ABJA	gnss_ggr	8.19	8.14	23.66
HMNS		−20.40	−18.50	22.99
XIA1		−3.15	−3.24	22.70
GUA1		7.12	6.31	43.05
CHU1		7.52	7.94	23.98
ARUC	SEPT POLARX5	−9.56	0.43	—
STR1		−10.49	−0.10	—
DARW		−9.93	0.76	—
HOB2		−10.11	0.29	—
CHPI		−9.46	0.10	—
DAV1		−9.17	−0.67	—
TID1		−8.44	4.05	—

同样基于实验过程,主要有以下三个因素影响相应参数估计结果:① 实验中基于一天弧段内 ISB 具有较好的稳定性的假设,通过设置一个 ISB 参数全弧段进行估计;② 北斗新信号可跟踪的跟踪站数据有限,且数据预处理过程中对质量较差的数据进行了剔除,势必影响 ISB 参数的估计结果;③ 一步法联合定轨中,待估各参数之间相互影响,必然导致 ISB 参数出现波动。

6.2.2 联合定轨 ISB 参数分析

为了准确描述联合定轨过程中 ISB 特性,基于本书提出的改进的 ISB 估计方法,利用与上一节相同的观测数据进行联合定轨实验。需要注意的是,定轨策略中将跟踪站坐标、钟差以及对流层等参数进行固定,以减少参数之间的相互影响。解算过程中将 ISB 参数按照 30 min 每历元进行连续估计。图 6-3 针对各联合定轨过程,选取了不同类型的接收机画出了 ISB 参数随时间变化的曲线。由于 BDS-3 新信号受跟踪站质量影响较大,实验中无法获取足够连续的观测数据,因此图中只绘制了较短时间跨度的估计结果。

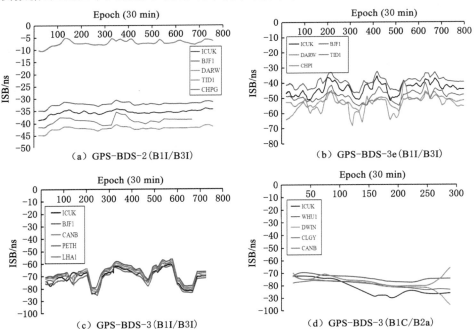

图 6-3 基于改进的联合定轨 ISB 估计方法实验结果

利用本章提出的改进的 ISB 估计方法,基于 iGMAS 和 MGEX 跟踪网,分别估计了不同北斗跟踪信号下的不同类型卫星相对于 GPS 的 ISB 参数,通过实验结果可进一步得出:① 不同频率、不同类型卫星估计出的 ISB 存在明显差异,这主要是卫星类型和频率之间的差异导致的;② 不同联合定轨过程中 ISB 参数存在明显的周期特性,且对于同一类卫星、同一频率所估计出的 ISB 具有近似的周期和振幅;③ 不同跟踪站的同一类接收机估计出的 ISB 也存在差异,这主要是测站的数据质量以及接收机本身特性导致的。

基于上述实验可发现,BDS-2/BDS-3 存在明显的系统偏差,且不同类型跟踪站以及不同跟踪信号之间存在差异。因此,BDS-2/BDS-3 联合定轨策略中忽略不同的北斗卫星和不同的频率观测数据之间差异,仅将观测弧段内 BDS-2/BDS-3 与其他系统之间偏差作为一个常数进行解算显然是不合理的,有必要对定轨过程中 ISB 参数进行精化处理。

6.2.3　联合定轨中 ISB 参数影响分析

为了优化 BDS-2/BDS-3 联合定轨策略,对 ISB 进行合理的处理,本节首先基于参数之间的相关性对 ISB 与轨道参数之间的相互影响关系进行分析;其次通过定轨对比实验进行验证分析。基于联合定轨法方程,利用式(6-27)分析不同跟踪站对应的 ISB 参数与卫星轨道参数之间的相关性。

$$r = \frac{\sigma_{AB}}{\sqrt{\sigma_A \sigma_B}} \tag{6-27}$$

式中 σ_A、σ_B、σ_{AB} 为相应参数的方差、协方差。

为了便于讨论,实验中分别选取 G11 与 C11 卫星,同时选取 iGMAS 跟踪站(WHU1)与 MGEX 跟踪站(DARW),统计相应跟踪站 ISB 参数与 GPS 和北斗卫星之间的相关性,其相应的结果如表 6-2 所示。

表 6-2　ISB 与卫星轨道参数之间的相关系数

测站/卫星	X	Y	Z	V_X	V_Y	V_Z
WHU1/G11	2.73E−05	−1.55E−09	−1.50E−09	2.10E−05	9.34E−02	−1.42E−02
WHU1/C11	1.98E−03	4.70E−07	1.03E−07	−1.74E−05	7.34E−02	9.60E−02
DARW/G11	2.76E−05	−1.44E−09	−1.76E−09	2.14E−05	7.21E−02	−1.35E−02
DARW/C11	1.99E−03	4.71E−07	1.03E−07	−1.75E−03	7.15E−02	9.62E−02

通过表 6-2 中参数之间的相关性可知：GPS 与北斗联合定轨中，ISB 参数与北斗轨道各参数之间较 GPS 轨道参数相关性高两个量级。这主要是由于北斗跟踪站数据有限，对单站的观测数据依赖性较 GPS 大。但单个跟踪站 ISB 与轨道之间相关性较小，这是由于定轨过程受参与解算的所有跟踪站以及力学模型共同的影响。基于 ISB 与轨道参数之间的相关性，为进一步分析 ISB 参数对联合定轨过程的影响，本章设计了三组对比实验。

方案一：联合 GPS/BDS-2/BDS-3/BDS-3e 定轨中不考虑 ISB 参数，即定轨过程中不设置任何 ISB 参数。实验基于北斗 B1I/B3I 观测数据进行。

方案二：联合定轨中整体考虑一类 ISB 参数，即不考虑北斗卫星类型差异，对于同时跟踪 GPS 和多类型北斗卫星的跟踪站只考虑一类 ISB 参数。实验基于北斗 B1I/B3I 观测数据。

方案三：分别考虑不同类型卫星的 ISB 参数。对于同时跟踪 GPS 和多类型北斗卫星的跟踪站，依据卫星类型设置 ISB 参数。实验基于北斗 B1I/B3I 观测数据。

利用与 6.1 节实验相同的数据源，统计了三组不同定轨方案的轨道精度。由于无法获得 BDS-3 参考轨道，本节统计轨道相对变化量，即以方案三为参考，分别统计其他两种方案的轨道精度相对变化量，其结果如图 6-4 所示。

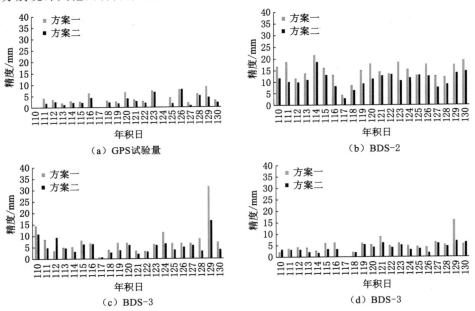

图 6-4　基于 B1I/B3I 频率不同 ISB 参数模式精密定轨精度相对变化

同时,为了说明北斗不同跟踪信号引起的定轨差异,同样基于上述实验方案,BDS-2/BDS-3e 与 BDS-3 分别基于 B1I/B3I 和 B1C/B2a 进行联合定轨实验。精度统计中同样以方案三作为参考,统计轨道相对变化量,其相应的统计结果如图 6-5 所示。

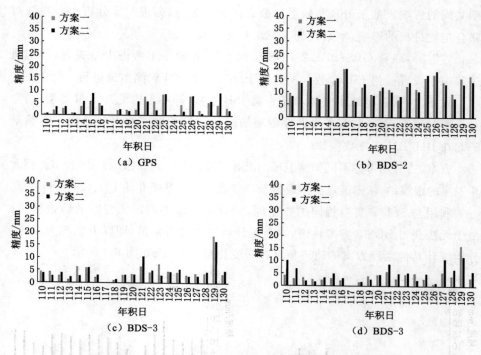

图 6-5   基于 B1C/B2a 频率不同 ISB 参数模式轨道相对变化

通过上述两组对比实验可得出:① 基于 B1I/B3I 定轨过程中采用不同的 ISB 估计模式,GPS 轨道精度受影响较小,而 BDS-2 轨道精度受影响较大;同时,定轨过程中不考虑 ISB 参数对轨道精度的影响,将其设置为同一个参数处理;BDS-3 轨道受影响较小,这主要是由于相对 GPS,可跟踪 BDS-3 的跟踪站数据有限,观测数据对定轨的影响较弱。② 在 B1I/B3I 的基础上,BDS-3 采用 B1C/B2a 进行 GPS/BDS-2/BDS-3/BDS-3e 联合定轨,实验结果显示两种方案对 GPS/BDS-2/BDS-3e 轨道影响无明显差异;而对 BDS-3,在不估计 ISB 参数情况下对轨道的影响小于估计 ISB 情况下。上述结论间接地证明了引入新信号、新卫星,联合定轨中 ISB 需要考虑其差异性。

6.3　超快速轨道确定实验

　　超快速轨道作为实时或近实时应用的重要产品,其精度与时效性是必须考虑的两个重要问题。为顾及轨道参数解算的时效性,减少观测方程中参数、降低法方程维数以及增加参数解算间隔等策略已得到初步应用。本节将基于 ISB 特性,对 GPS/BDS-2/BDS-3 联合定轨中超快速定轨的 ISB 参数进行预报,并将其加入超快速轨道解算过程中,以降低 ISB 参数对轨道的影响,提高参数解算效率。具体如下:

　　由于 ISB 参数特性与接收机和卫星类型相关,因此需要针对不同的接收机及其对应的卫星建立相应的 ISB 预报模型。本书采用 Jiang 等提出的函数模型(Jiang et al.,2017),即

$$ISB = A \cdot t^2 + B \cdot t + C + \sum_{i=1}^{n} \left[D_i \cdot \cos\left(\frac{2\pi t}{P_i}\right) + E_i \cdot \sin\left(\frac{2\pi t}{P_i}\right) \right]$$

$$(6\text{-}28)$$

式中,A、B、C 为多项式系数,D_i、E_i 为周期函数系数,P_i 为周期,t 为相对起始时刻的时间间隔。式中各系数通过最小二乘得到,周期则通过谱分析获得。

　　为证明 ISB 预报模型的可行性,基于式(6-28)分析不同联合定轨过程中不同跟踪站与不同类型卫星对应的 ISB 拟合误差,如图 6-6 所示。由于同一类型卫星对应的 ISB 趋势基本一致,图中仅绘出了具有代表性的曲线。

　　同时,表 6-3 中分别统计了对应图 6-6 中各跟踪站 ISB 残差最大值、最小值、平均值与 RMS。通过实验可知,利用拟合模型进行 ISB 参数建模,针对 BDS-2 的 BI1/B3I 误差可忽略不计;但是对于 BDS-3 误差明显变大,主要是由于 ISB 变化存在较小周期项,无法准确进行建模。总体看,针对 BDS-2 的 ISB 可较好地利用模型进行描述,其 RMS 优于 0.25 ns;而 BDS-3 由于 iGMAS 跟踪站不稳定以及数据质量欠佳等因素共同影响,出现个别跟踪站拟合残差较大的情况,其整体精度优于 1.4 ns。

　　基于本书提出的改进的联合定轨 ISB 解算方法,通过将解算出的 ISB 参数进行准确建模,并实现各 ISB 参数短期预报;将预报的 ISB 参数代入超快速联合定轨中,以实现顾及超快速轨道的时效性与精度。为验证联合定轨 ISB 处理可行性,基于前述实验数据,设计了超快速轨道对比实验,具体实验过程如图 6-7 所示。

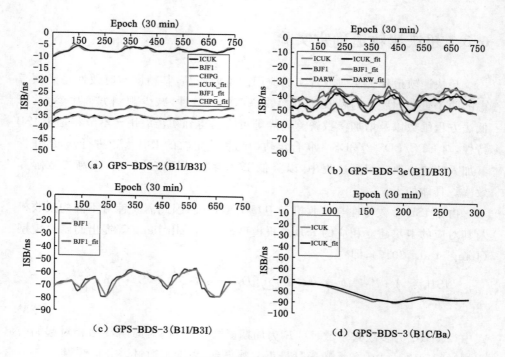

图 6-6　不同测站联合定轨 ISB 拟合残差

表 6-3　各测站 ISB 拟合残差统计

単位:ns

频率	卫星	测站	最大值	最小值	平均值	RMS
B1I/B3I	BDS-2	ICUK	0.608	0.001	0.013	0.008
		BJF1	0.410	0.000	0.301	0.012
		CHPG	0.809	0.002	0.286	0.224
	BDS-3	ICUK	6.544	−0.005	0.298	1.204
		BJF1	4.309	0.022	0.449	0.642
		DARW	5.251	−0.014	0.155	0.993
	BDS-3e	BJF1	5.694	0.003	1.396	1.311
B1C/B2a	BDS-3	ICUK	2.334	−0.102	0.063	0.159

　　基于上述超快速轨道定轨流程,利用连续 10 天(DOY 110—119,2018)的定轨实验分析 ISB 参数的处理效果。为了充分分析 ISB 预报精度,设计了两套定轨对比实验方案,具体如下。

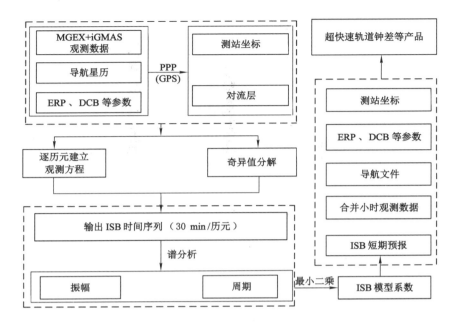

图 6-7　基于预报 ISB 的超快速轨道确定流程

　　方案一:基于三天定轨弧段,分别利用估计与预报的 ISB 参数进行 GPS/BDS-2/BDS-3 联合定轨,通过对比重叠弧段不符值分析预报 ISB 的可靠性,其轨道精度如图 6-8 所示。

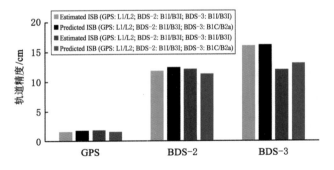

图 6-8　方案一联合定轨重叠弧段 1D RMS 对比

　　方案二:基于超快速定轨策略,分别利用预报的 ISB 与实时估计的 ISB 参数进行单天弧段轨道确定,对比相邻 18 h 重叠弧段轨道不符合度,其轨道精度如图 6-9 所示。

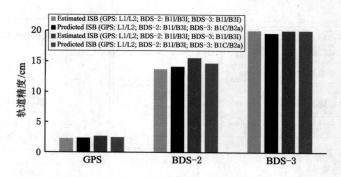

图 6-9 方案二联合定轨超快速轨道重叠弧段 1D RMS 对比

上述两组对比实验分别验证了估计与预报的 ISB 参数对不同定轨模式的影响。通过实验发现,在观测数据充足的条件下(方案一),采用实时估计 ISB 参数的定轨策略获得的轨道重叠弧段精度优于预报的结果;而在观测数据减少的条件下,将预报单天的 ISB 参数代入定轨过程中获得的超快速轨道结果略优于实时估计 ISB 结果。上式实验间接证明了超快速联合定轨过程中,采用本书预报的 ISB 参数,可一定程度上改善定轨的时效性与精度。为了更加具体地表示各定轨方案的轨道精度,表 6-4 列出了各方案所对应的 ISB 模式以及定轨精度。

表 6-4 不同联合定轨方案轨道 1D RMS 统计　　　　　单位:cm

卫星	方案	B1IB3I/L1L2		B1CB2a/L1L2	
		ISB 估计	ISB 预报	ISB 估计	ISB 预报
GPS	方案一	1.6	1.8	1.9	1.6
	方案二	2.3	2.4	2.7	2.5
BDS-2	方案一	11.9	12.5	12.2	11.4
	方案二	13.7	14.1	15.5	14.5
BDS-3	方案一	16.1	16.3	12.1	13.2
	方案二	20.4	19.6	25.8	21.7

从统计结果可看出,不同 ISB 处理方案中,GPS 轨道精度受影响较小。这主要是由于 GPS 观测数据较充足,不同的定轨模式无明显差别。BDS-2 轨道精度变化为 0.4~1.0 cm。针对 BDS-3,基于方案一的定轨模式对于采用 B1I/B3I 的观测数据无明显差别,而 B1C/B2a 中预报的 ISB 进一步降低了轨道精度,降幅达 1.1 cm。同时方案二中预报 ISB 模式下的超快速定轨精度明显优于估计

模式,其精度提升了 0.8～4.1 cm。这主要是由于可跟踪 BDS-3 的跟踪站较少,超快速定轨过程中无法准确求解各参数。上述表明,在 GPS/BDS-2/BDS-3 联合定轨过程中有必要考虑系统偏差的差异,且在超快速轨道确定过程中采用短期预报 ISB 参数是非常有必要的。

6.4　本章小结

本章主要针对 BDS-2 与 BDS-3 共存以及不同卫星之间存在差异性的现状,研究了联合定轨中系统偏差参数的存在性以及处理方法。基于 ISB 参数一天内稳定的假设,估计连续 21 天的联合定轨 ISB 参数,通过分析发现 ISB 参数以接收机类型出现分群现象,且 BDS-2 与 BDS-3 存在明显的系统偏差,尤其是针对 BDS-3 新信号更明显。为了提高 ISB 参数估计的准确性与可靠性,本章提出了一种改进的联合定轨 ISB 参数估计方法,即通过奇异值分解与历元间差分充分保留历元间有用信息,实现观测信息的充分利用。基于改进的 ISB 估计方法进行联合定轨实验,提取 ISB 参数时间序列,结果表明 BDS-2/BDS-3 存在明显的系统偏差,且不同类型测站以及不同跟踪信号之间存在差异,有必要对定轨过程中 ISB 参数进行精化处理。为了分析 ISB 参数对联合定轨的影响,本章首先基于参数之间的相关性进行了分析,发现 ISB 参数与北斗轨道各参数之间较 GPS 轨道参数相关性高两个量级,通过三组联合定轨对比实验证明了引入新信号、新卫星后联合定轨中 ISB 需要考虑其差异性。随后,基于 ISB 时间序列,通过谱分析与最小二乘确定了 ISB 拟合模型的周期项、振幅以及系数,实现了对 ISB 时间序列的建模分析。最后,基于 ISB 模型,通过短期预报,并将其代入超快速联合定轨模型中,实现顾及超快速轨道时效性与精度的定轨要求。通过两组定轨对比方案发现,GPS 轨道受 ISB 参数影响较小,而北斗受影响较为明显。通过预报将 ISB 参数代入超快速定轨中,BDS-2 与 BDS-3 精度提高幅度分别为 0.4～1.0 cm 与 0.8～4.1 cm。综上,在 GPS/BDS-2/BDS-3 联合定轨过程中有必要考虑系统偏差的差异,且在超快速轨道确定过程中采用短期预报 ISB 参数是非常有必要的。

通过分析 BDS-2/BDS-3 联合定轨过程中 ISB 参数,以期改善联合定轨策略。然而,由于受北斗跟踪站的数目以及数据质量的限制,尤其 BDS-3,还无法准确解算出联合定轨中的 ISB 参数。因此,本章的结论只是初步的,下一步将着手从数据质量、力学模型以及定轨策略三个方面分析联合定轨中系统偏差的准确估计以及校正方法,为提高北斗轨道精度提供参考。

7 基于 BDS-2/BDS-3 联合处理的
北斗超快速钟差预报

目前，国际 GNSS 监测和评估系统（iGMAS）发布的超快速钟差产品中北斗系统（BDS）观测和预报部分的精度分别约为 0.60 ns 和 6.00 ns，远远落后于实时厘米级应用需求（Huang et al.，2018）。因此，在提高全球卫星导航系统产品的可用性、稳定性和可靠性需求下，必须对 BDS 卫星超快速钟差产品质量进行完善，特别是预报部分的精度。当前，针对卫星钟差预报的研究主要集中在三个方面：一是卫星钟差序列预处理策略；二是分析和改进预报模型；三是环境因素对钟差建模的影响分析。此外，在钟差预报的算法和策略中，主要关注长期钟差序列预报模型研究，如扩展状态模型（Davis et al.，2012）、人工神经网络预报（Wang et al.，2017）、多个短周期项叠加预报、改进的迭代法以及基于恒星日滤波的单天内钟差变化量预报等。总的来说，卫星钟差预报模型通常可用趋势项（多项式）和周期项表示（Kosaka，1987）。同时，毛亚等提出了一种改进的预报策略（Mao et al.，2019），即考虑了星间相关性对模型参数估计的影响，一定程度上提升了 BDS-2 钟差预报精度。

目前，广泛采用组合趋势项与周期项的 BDS 超快速钟差预报模型（Hauschild et al.，2013）主要以 GPS 相关研究为基础。此外，黄观文等提出了一种改进的 BDS 超快速钟差预报策略，其中非线性项通过 BPNN 进行建模处理。陈金平等分析了利用星间链路观测数据进行 BDS-3 试验星钟差预报的优势和特点（陈金平 等，2016）。此外，研究表明 BDS-3 配备的星载原子钟频率稳定性较 BDS-2 提升了一个量级以上。笔者在先前研究中通过引入星间相关性系数（Hu et al.，2019），联合预报了 BDS-2 和 BDS-3 超快速产品，并评估了星间相关性对超快速钟差预报产品的影响（Wang et al.，2019）。基于一个月的实验，结果发现引入星间相关性可实现 BDS 超快速钟差预报产品优化，如 BDS-2 和

BDS-3 卫星 18 h 预报钟差精度分别提高了 30.7%～47.3% 和 49.9%～59.3%。因此,为进一步提高北斗超快速预报钟差质量,后续研究中有必要对 BDS-2 和 BDS-3 钟差联合处理中的相关性系数做进一步分析。

与目前广泛采用的钟差预报模型相比较,在北斗卫星钟差建模中,模型参数的估计主要存在两个问题需要讨论和优化:一是建模过程通常分为趋势项和周期项两部分分别进行,这不可避免地忽略了未知参数之间的相关性;二是在建模中只考虑显著周期项(BDS-2 两个周期和 BDS-3 三个周期),这将会导致存在明显的模型残差。因此,为获得更准确可靠的钟差预报模型,需要进一步改进建模策略,如优化钟差模型参数等(吴飞,2019)。

本章主要针对传统钟差预报模型建模方法的不足,采用 BDS-2/BDS-3 钟差序列联合处理的方法,优化北斗超快速卫星钟差的预报策略。首先,通过稀疏建模方法提出了一种模型选择方法,改进了传统的钟差产品预报两步策略;其次,设计了一种 BDS-2/BDS-3 联合处理策略,以充分利用 BDS-2 和 BDS-3 的星间相关性;最后,考虑到预报模型残差的时空相关性,利用半变异函数构建经验模型,精化钟差模型参数估计随机模型,并通过大量实验对本章的优化策略进行验证。

7.1　北斗超快速钟差预报优化策略

7.1.1　BDS-2/BDS-3 联合处理模型

在对原始钟差序列进行严格预处理的基础上,如粗差探测与修复、降噪等,可将超快速观测部分的钟差序列设为 L。参考相关文献,假设钟差模型为

$$L_k(t_i) = a_0^k + a_1^k t_i + a_2^k t_i^2 + \sum_{j=1}^{n}\left[A_j\sin\left(\frac{2\pi}{T_j}t_i\right) + B_j\cos\left(\frac{2\pi}{T_j}t_i\right)\right] + \varepsilon_k(t_i)$$

(7-1)

式中,t_i、k 分别是第 t_i 个历元时间和第 k 个卫星;a_0、a_1、a_2 是趋势项系数;n 是周期项的总数,j 是第 j 个周期;A_j、B_j、T_j 代表周期项正弦函数振幅、余弦函数振幅及其相应周期;$\varepsilon(t_i)$ 是式(7-1)的模型残差。在周期项 T_j 的估计中,通常基于快速傅立叶变换算法,根据模型残差计算 T_j。因此,钟差模型的误差方程如下:

$$
V_k(t_i) = \begin{bmatrix} 1 \\ t_i \\ t_i^2 \\ \sin\left(\dfrac{2\pi}{T_1}t_i\right) \\ \vdots \\ \sin\left(\dfrac{2\pi}{T_n}t_i\right) \\ \cos\left(\dfrac{2\pi}{T_1}t_i\right) \\ \vdots \\ \cos\left(\dfrac{2\pi}{T_n}t_i\right) \end{bmatrix}^{\mathrm{T}} \begin{bmatrix} a_0^k \\ a_1^k \\ a_2^k \\ A_1 \\ \vdots \\ A_n \\ B_1 \\ \vdots \\ B_n \end{bmatrix} - L_k(t_i) \tag{7-2}
$$

式中，L_k 为钟差减去周期项的结果。传统钟差序列建模策略中，模型参数（趋势项和周期项）被分为两个独立的解，而理论上应在一步解中得到。同时，由于星载原子钟的特性存在差异，模型参数个数和类型不能表示为相同形式。因此，为获得更精确的钟差模型，有必要进一步细化模型参数。

首先，将式(7-2)中所有模型参数进行一步估计，为了提高计算效率，将所有卫星的多项式参数进行同时解算，假设有 b 颗卫星、s 个历元，上式的矩阵形式为：

$$
\underset{bs\times1}{V} = \underset{bs\times3b}{A}\ \underset{3b\times1}{X} - \underset{bs\times1}{L}\ \underset{bs\times bs}{P} \tag{7-3}
$$

$$
\begin{cases}
\underset{b\times(3+2\cdot n)\cdot b}{A_i} = \mathrm{diag}\begin{bmatrix} A_i^1 & A_i^2 & \cdots & A_i^b \end{bmatrix} \\[2mm]
A_i^1 = A_i^2 = \cdots = A_i^b = \begin{bmatrix} 1 & t_i & t_i^2 & \sin\left(\dfrac{2\pi}{T_1}t_i\right) & \cdots & \sin\left(\dfrac{2\pi}{T_n}t_i\right) \\[2mm] & & \cos\left(\dfrac{2\pi}{T_1}t_i\right) & \cdots & \cos\left(\dfrac{2\pi}{T_n}t_i\right) \end{bmatrix} \\[2mm]
\underset{b\cdot s\times b\cdot s}{P} = \mathrm{diag}\begin{bmatrix} P(t_1) & P(t_2) & \cdots & P(t_s) \end{bmatrix} \\[2mm]
\underset{b\cdot s\times(3+2\cdot n)\cdot b}{A} = \begin{bmatrix} (A_1)^{\mathrm{T}} & \cdots & (A_i)^{\mathrm{T}} & \cdots & (A_s)^{\mathrm{T}} \end{bmatrix}^{\mathrm{T}}
\end{cases} \tag{7-4}
$$

在式(7-4)中，$P(t_1)$ 可以表示为

$$P_{b\times b}(t_i) = \begin{bmatrix} (\delta_{11})^2 & (\delta_{12})^2 & \cdots & (\delta_{1b})^2 \\ (\delta_{21})^2 & (\delta_{22})^2 & \cdots & (\delta_{2b})^2 \\ \vdots & \vdots & \ddots & \vdots \\ (\delta_{b1})^2 & (\delta_{b2})^2 & \cdots & (\delta_{bb})^2 \end{bmatrix}^{-1} \tag{7-5}$$

式(7-4)中，A、X 和 P 分别是钟差模型的系数矩阵、模型参数和每个历元的权重。式(7-5)中，δ_{tb} 可由 $\delta_{tb}=\text{STD}_b$ 计算，后者表示第 b 颗卫星残差的标准差。然后，可将第 k 颗和第 b 颗卫星的协方差表示为 $\delta_{kb}=|r_{kb}| \cdot \sqrt{\delta_{kk} \cdot \delta_{tb}}$。需要注意的是，$r_{kb}$ 是基于 BDS-2 和 BDS-3 钟差序列求出的星间相关性系数。假设卫星钟差序列的平均值是 $\overline{L}_k$，则

$$r_{kb} = \frac{\sum_{t_i=1}^{s}[L_k(t_i)-\overline{L}_k(t_i)][L_b(t_i)-\overline{L}_b(t_i)]}{\sqrt{\sum_{t_i=1}^{s}[L_k(t_i)-\overline{L}_k(t_i)]^2}\sqrt{\sum_{t_i=1}^{s}[L_b(t_i)-\overline{L}_b(t_i)]^2}} \tag{7-6}$$

在估计钟差模型的未知参数时，必须调整权阵以适应历元时间，有

$$\overline{P}_{b\times b}(t_i) = \frac{1}{i \cdot \Delta t} P_{b\times b}(t_i) \tag{7-7}$$

式(7-7)中，Δt 表示相邻历元的时间间隔。式(7-2)至式(7-7)，即为采用基于 BDS-2 和 BDS-3 联合处理的北斗星间相关性提取方法，可对钟差模型的所有参数进行一步估计。

7.1.2　钟差预报模型稀疏建模

在 7.1.1 节的基础上，模型参数估计考虑了卫星间的星间相关性，从而间接地优化模型参数，但仍存在两个潜在的问题会导致参数估计精度降低：一是由于观测值有限（计算得到的钟差序列）和模型过度拟合，参数的稳定性和精度不可避免地受到影响；二是不同类型星载原子钟会呈现不同的特性(Shi et al.，2019)，无法用统一的模型进行描述（所有卫星钟差模型形式相同）。因此，钟差建模的策略需要进一步优化。本节利用机器学习中的稀疏建模方法精确构建钟差模型。理论上，引入所有的自变量进行建模，可以有效地提高预报结果，但增加了预报复杂性并导致过度拟合。在实际应用中，为了提高模型的可靠性与预报精度，应进行模型自变量选取，即模型选择（或变量选择）(Wu et al.，2021；Hastie et al.，2015)。一般来说，模型选择只能在有限备选模型范围内筛选，而稀疏建模可以有效地选择基础数据，减少自变量的个数，从而实现模型预报精

度和计算效率优化。对钟差序列进行稀疏建模,本章采用 Tibshirani 提出的 Lasso（Least absolute shrinkage and selection operator）算法（Tibshirani, 1996）。在 Lasso 算法中,通过最小化多变量线性回归模型的损失函数,对回归系数的绝对值施加约束,同时进行参数估计和模型选择。根据 Lasso 算法的处理过程,对部分变量进行压缩和消除。Lasso 算法的实现基于 L1 范数的最小二乘法,即

$$J = \text{argmin} \parallel AX - L \parallel^2, \text{ s. t. } \sum_{d=1}^{3+2n} |X_d| \leqslant \omega \tag{7-8}$$

式(7-8)中,ω 是调和参数。假设最小二乘估计的解为 X_d;$\omega_0 = \sum_{i=1}^{n} |X_d| \leqslant \omega$ 时,部分变量的回归系数将被压缩为 0,从而起到模型筛选的作用。根据拉格朗日乘数法,Lasso 的目标函数可以设置为

$$J = \text{argmin} \{ \parallel AX - L \parallel^2 + \lambda \sum_{d=1}^{3+2 \cdot n} |X_d| \} \tag{7-9}$$

式中,λ 为正则化参数,等式的右边等同于残差平方和与正则化函数的组合。区别于 Tikhonov 正则化的 L2 范数,L1 正则化范数通过自动进行模型选择达到稀疏性的同时,不失函数模型的凸性。为了求解式(7-9),可通过迭代加权最小二乘法求解 Lasso 问题的数值解（Daubechies et al.,2010）。式(7-9)可表示为

$$J = (AX - L)^{\text{T}} P (AX - L) + \lambda |X|_1 \tag{7-10}$$

设 $\hat{X}^{(m)}$ 为第 m 次迭代的结果,则式(7-10)的近似解可表示为

$$J \approx (AX - L)^{\text{T}} \overline{P} (AX - L) + \lambda X^{\text{T}} U_{(m)}^{-1} X \tag{7-11}$$

其中 $U_{(m)}$ 是权对角阵,其中的元素是根据第 $m-1$ 次迭代解的结果确定的。因此

$$\hat{X}^{(m)} = (A^{\text{T}} \overline{P} A + \lambda U_{(m-1)})^{-1} A^{\text{T}} \overline{P} L \tag{7-12}$$

通过矩阵求逆公式,式(7-12)的解为

$$\hat{X}^{(m)} = (\lambda U_{(m-1)})^{-1} [1 - A^{\text{T}} (A (\lambda^{-1} U_{(m-1)})^{-1} A^{\text{T}} +$$
$$\overline{P}^{-1})^{-1} A (\lambda U_{(m-1)})^{-1}] A^{\text{T}} \overline{P} L \tag{7-13}$$

在迭代过程中,参数的初值可以设为 $\hat{X}^{(0)} = (A^{\text{T}} \overline{P} A)^{-1} A^{\text{T}} \overline{P} L$,初始权阵可以表示为单位阵。

7.1.3 基于半变异函数的模型残差相关性建模

通过上述求解钟差模型参数,可较好地实现预报模型的估计。但由于模型误差和随机过程的影响,需要进一步对预报模型残差进行分析,以提高建模的可靠性与精度。在前期研究中,针对预报模型残差提出了几种处理策略。此

外,还提出了偏最小二乘法和 BPNN 组合算法,并将其用于超快速钟差预报。然而,由于缺少卫星钟差精度信息,残差建模及预报难以达到预期精度,如某些历元残差受异常值影响。考虑钟差序列的特点,所有卫星的残差序列不可避免地呈现时空相关性。为充分挖掘 BDS-2 和 BDS-3 钟差序列的潜在时空特性,本节提出利用半变异函数模型进行建模处理。有关半变异函数更多细节已在相关研究中进行了详细讨论和总结(Grynyshyna-Poliuga,2019)。实际数据处理中,可使用改进的表达式对残差的半变异函数进行描述。

$$2\hat{\gamma}(h) = \left\{ \frac{1}{|N(h)|} \sum_{N(h)} |\varepsilon(t_i) - \varepsilon(t_l)|^{1/2} \right\}^4 / \left(0.457 + \frac{0.494}{|N(h)|} \right) \quad (7\text{-}14)$$

式中,$2\hat{\gamma}(h)$ 为估计的半变异函数;$\varepsilon(t)$ 为式(7-1)中钟差模型的残差序列;$t_l - t_i = h$,为 $N(h)$ 的不同元素数。根据式(7-14),半变异函数进一步表示为

$$2\gamma(t_i, t_l) = 2[C(0) - C(t_i - t_l)] \quad (7\text{-}15)$$

式(7-15)中,C 表示参数协方差运算。$C(t_l - t_i)$ 可以通过下式计算得到:

$$C(t_i - t_l) = \text{Cov}(\varepsilon(t_i), \varepsilon(t_l)) \quad (7\text{-}16)$$

其中,Cov 是协方差运算。模型残差时间相关性将通过半变异函数的具体数值表示。在得出每颗卫星的量化的残差序列时间相关性之后,可总结出一个经验半变异函数模型,如球形、指数型等。基于得到的半变异函数模型[式(7-17)与式(7-18)],当 $h \to \infty$ 时,$2\gamma(h) \to 2C(0)$。根据式(7-15),协方差 $C(h)$ 可由经验函数模型确定。因此,在式(7-16)的基础上可构造参数估计的权阵,将其代入式(7-3)中,重新估计模型系数。从星间相关性、稀疏建模、半变异函数等策略出发,可实现 BDS 卫星的钟差预报策略优化。

7.2 北斗钟差预报实验分析

本节将对改进 BDS-2/BDS-3 卫星钟差联合预报策略进行实验和分析。首先进行连续一个月(2019 年第 41—70 天)的 BDS-2 和 BDS-3 联合超快速轨道确定实验,得到原始的超快速卫星钟差产品。根据改进的钟差预报策略,分别从星间相关性、稀疏建模和半变异函数模型的角度对预报模型进行验证。由于北斗 GEO 卫星钟差精度较低,实验中暂时不考虑。

第一组实验包括四个方案,用于验证基于稀疏建模的钟差序列一步建模策略。

方案 1:基于趋势项和周期项,建立了钟差预报模型。在该方案中,趋势项

的系数通过拟合钟差序列得到,而周期项则根据趋势项的残差通过快速傅立叶变换确定。

方案2:与方案1类似,BDS-2卫星的周期项参考黄观文等以及毛亚等使用的周期项,BDS-3则利用三个重要周期项建立钟差预报模型。

方案3:与方案1和方案2相比,采用剔除趋势项残差序列的快速傅立叶变换分析周期项,并将所有周期项考虑到钟差序列的建模中。

方案4:在方案3的基础上,采用Lasso算法对钟差模型参数进行一步估计,获得模型参数解,以验证稀疏建模的有效性。

根据上述4种方案分别进行了一天弧段长度的BDS-2/BDS-3联合钟差预报,并以武汉大学iGMAS分析中心发布的BDS快速钟差为参考进行精度验证。各方案中BDS-2与BDS-3卫星的拟合残差和预报钟差精度分别如图7-1和图7-2所示。

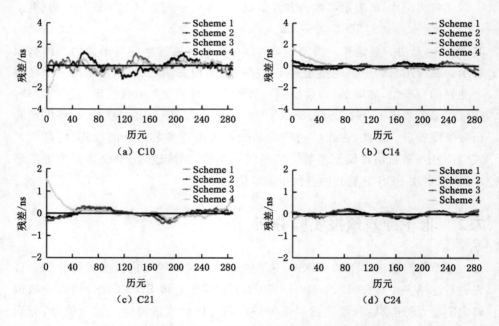

图7-1 年积日41天(2019)不同北斗卫星钟差拟合残差

根据四套方案对比实验,可知:① 由图7-1可知,BDS-3卫星的拟合残差明显小于BDS-2卫星,说明BDS-3卫星钟的性能优于BDS-2;② 方案1与方案2的拟合残差相似,方案3中利用所有周期项建模获得拟合残差最小值;③ 当预

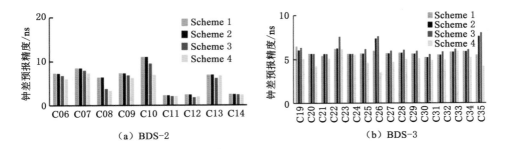

图 7-2　四种方案连续 30 天北斗钟差预报精度(18 h)平均值

报弧段超过 6 h 时,残差随时间的增加而减小,这是式(7-7)权阵中考虑了时间因子所导致的;④ 基于图 7-2 钟差预报精度,对于 BDS-2,方案 1 和方案 2 与当前已有的研究结果相似,而方案 3 较传统方法(方案 1 与方案 2)精度高,方案 4 略优于方案 3(除 C13 外);对于 BDS-3 卫星,方案 3 中一步估计所得到的预报精度降低,但在稀疏建模之后(方案 4),在方案 1 和方案 2 的基础上提高了预报精度。

第二组实验包括两个方案,验证求解模型参数时引入星间相关性的可行性。

方案 5:参考方案 1,在模型参数求解中加入星间相关参数。更多的实验细节与实验结果可参考笔者先前研究。

方案 6:同样,在方案 4 的基础上,获取星间相关系数,并将其加入每颗卫星模型参数估计中。

在 BDS-3 卫星钟的频率稳定性优于 BDS-2 的情况下,考虑 BDS 卫星间的相关性,以改进卫星钟差建模的精度。图 7-3 所示为连续 10 天 C14 与 C24 卫

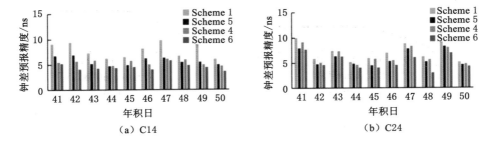

图 7-3　不同方案连续 10 天钟差预报精度

星钟差预报精度。表 7-1 中给出了一个月的平均钟差精度及其相应的精度提升率。通过图 7-3 和表 7-1 所示的实验结果,可以看出星间相关系数可以显著改善北斗卫星预报钟差,与传统方法(方案 1)相比,BDS-2 和 BDS-3 钟差预报精度分别提升 32.9% 和 16.9%;在方案 4 中考虑星间相关性后,BDS-2 和 BDS-3 钟差预报精度分别提升 27.2% 和 28.6%。

表 7-1   不同方案北斗卫星钟差预报精度及其提升率

卫星类型	精度/ns		提升率 /%	精度/ns		提升率 /%
	方案 1	方案 5		方案 4	方案 6	
BDS-2	6.935	4.650	32.9	5.889	4.289	27.2
BDS-3	5.851	4.863	16.9	5.062	3.614	28.6

通过上述处理,提取趋势项和周期项,但是模型残差仍然包含了钟差有效成分,降低了钟差预报的精度。因此,本章提出了一种考虑模型残差时空相关性的新策略来进一步精化预报模型。第三组实验分析本章超快速钟差预报模型的正确性,并利用半变异函数更新参数估计中的随机模型。在进行钟差预报实验之前,根据方案 4 给出的各卫星残差序列进行时间相关性估计。图 7-4 中,虚线代表一个月残差的实验半变异函数值;根据实验半变异函数值,构建一个经验模型,即半变异函数模型。实验中选择球面模型进行残差半变异函数模型构建,即如式(7-17)与式(7-18)所示。

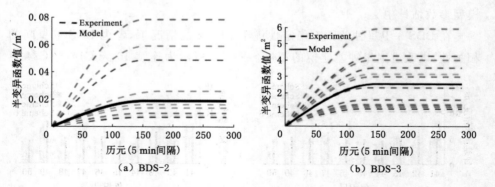

图 7-4   BDS-2 和 BDS-3 方案 4 钟差残差序列半变异函数

虚线:每颗卫星的实验半变异函数值;实线:经验模型

$$\gamma\,(h)_{BDS\text{-}2} = \begin{cases} c_s \cdot \left[\dfrac{3}{2}\left(\dfrac{h}{155}\right) - \dfrac{1}{2}\left(\dfrac{h}{155}\right)^2\right], 0 \leqslant h < 155 \\ c_s = 0.018\ 9, h \geqslant 155 \end{cases} \tag{7-17}$$

$$\gamma\,(h)_{BDS\text{-}3} = \begin{cases} c_s \cdot \left[\dfrac{3}{2}\left(\dfrac{h}{148}\right) - \dfrac{1}{2}\left(\dfrac{h}{148}\right)^2\right], 0 \leqslant h < 148 \\ c_s = 0.002\ 55, h \geqslant 148 \end{cases} \tag{7-18}$$

第三组实验包括 6 套实验方案,具体如下:

方案 7:基于 BDS-2 与 BDS-3 联合超快速钟差序列,考虑星间相关性,通过方案 1 进行钟差预报;

方案 8:基于 BDS-2 与 BDS-3 联合超快速钟差序列,考虑星间相关性,通过方案 2 进行钟差预报;

方案 9:基于 BDS-2 与 BDS-3 联合超快速钟差产品,通过方案 6 进行钟差预报,每个预报弧段长度为 18 h,并利用 BPNN 算法对模型残差进行处理与预报,最后将两部分预报钟差序列合并;

方案 10:类似于方案 9,针对模型残差部分采用灰色模型进行预报处理;

方案 11:基于方案 6,采用 PLS＋BPNN 策略对模型残差进行建模与预报处理;

方案 12:基于方案 6,采用经验半变异函数模型计算的模型残差协方差阵中的权阵非对角线元素进行更新处理,同时采用 PLS＋BPNN 策略对模型残差进行建模与预报处理。

为全面分析预报模型,将联合估计得到的超快速钟差与 12 种方案进行对比。同样以武汉大学分析中心的快速钟差产品作为参考进行精度评估。为讨论基于不同方案的钟差预报精度,图 7-5 给出了不同方案的模型残差比较,其中很容易看出方案 11 可以得到具有最小模型残差的钟差模型。

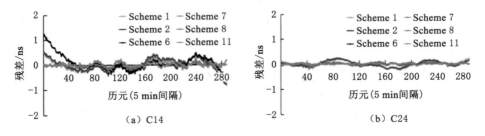

图 7-5　基于 2019 年第 41 天的 C14 和 C24 不同方案的模型残差

此外，为了具体描述方案 7～12 中不同钟差预报精度时间序列，图 7-6 分别给出了相应的钟差预报残差。由于超快速钟差以 3 h 的延迟和 6 h 的间隔进行更新，图中仅分析了一天中 18 h 的钟差预报精度。

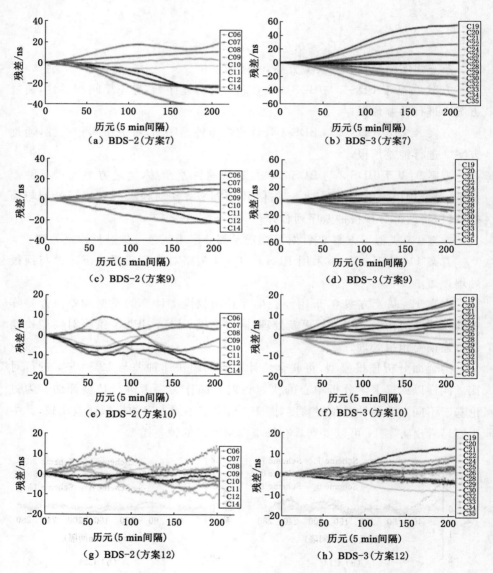

图 7-6　不同方案 BDS-2/BDS-3 超快速卫星钟差预报精度时间序列（年积日 41，2019）

从图 7-6 以及表 7-2 可以看出：与方案 2 相比，利用星间相关可以略降低 BDS-2/BDS-3 联合估计的模型残差；由广泛使用的周期选择方法导致 BDS-2 和 BDS-3 的预报精度分别下降了 4.3% 和 21.1%；通过灰色模型对模型残差进行处理，BDS-2 和 BDS-3 的钟差预报精度分别提高了 23.3% 和 16.9%。需要说明的是，方案 8 是在传统方法的基础上进行建模和优化的，需要用模型残差进行补偿；因此，实验中设置了基于 BPNN 和 PLS+BPNN 算法的钟差、残差序列预报方案。PLS+BPNN 策略在模型残差上比传统的 BPNN 分别降低了 0.5% 和 6.2%。同时，由于模型残差序列中存在时空相关性，在系数估计中引入半变异函数来精化权阵，方案 10 与方案 9 相比，BDS-2 和 BDS-3 的预报钟差分别提高了 8.0% 和 11.1%。

表 7-2　基于传统方法、星间相关性和 Lasso 算法的 18 h
超快速钟差预报精度及其提升率

卫星类型	精度/ns		提升率 /%	精度/ns		提升率 /%
	方案 7	方案 8		方案 9	方案 10	
BDS-2	6.35	4.67	23.3	4.00	3.68	8.0
BDS-3	5.96	4.09	16.9	3.88	3.45	11.1

7.3　本章小结

在本章已有研究的基础上，对 BDS-2 和 BDS-3 联合超快速钟差预报策略进行了优化处理。

（1）由于钟差模型系数的两步求解存在精度损失现象，提出了一步估计模型参数（趋势项和周期项）的策略。引入了机器学习中的稀疏建模方法对模型参数求解过程进行改进。基于钟差预报结果可知，一步策略可以略微提升钟差预报精度。

（2）考虑到 BDS 卫星（BDS-2 和 BDS-3）的差异及星载原子钟的特点，将星间相关性作为一种间接方法增强模型系数求解。结果表明，基于一步策略，BDS-2 和 BDS-3 的钟差预报精度分别提高了 27.2% 和 28.6%。

（3）在建立钟差预报模型时，基于预报模型的残差序列，构造经验半变异函数提取模型残差的时间相关性，并将其纳入模型系数估计的权阵更新中。与已有文献提出的方法相比,钟差模型的精度分别提高了 8.0% 和 11.1%。

    总的来说,本章提出的 BDS-2 和 BDS-3 联合超快速钟差预报策略可用于提高 iGMAS 分析中心产品精度。然而,改进后的策略只利用一个月的实验进行测试分析。因此,对 BDS-2 和 BDS-3 联合钟差预报策略的可用性和准确性需进一步研究。

8　结论与展望

8.1　结论

本书从定轨的原理出发,研究分析了定轨过程中相关模型原理及实现过程,并通过算例进行了验证说明;同时,针对分析中心产品解算效率问题,从定轨观测方程角度建立了以 GDOP 为准则的优化选站策略;其次,针对分析中心超快速预报轨道受到预报 ERP 误差的影响,详细分析了其影响的过程,并根据预报过程提出一种间接的修正方法;最后,研究了新一代卫星定轨的策略,设计了两套定轨策略,并通过一个月的观测数据进行了验证。本书的主要工作及结论如下:

(1) 阐述了 GNSS 精密定轨的研究现状及 iGMAS 的发展完善给多系统融合定轨带来的机遇。针对定轨过程中的光压模型、产品快速解算、轨道预报以及产品解算策略的研究现状,系统地归纳了各个模块现有的研究及不足之处。针对 GNSS 精密轨道确定过程的解算效率、轨道预报以及解算策略等问题,书中首先提出了 GNSS 精密轨道确定过程中的三个问题,并阐述了相应的研究思路。

(2) 从 GNSS 精密轨道确定原理出发,系统地论述了初轨计算、轨道积分、最小二乘参数估计、UPD 解算和模糊度固定、偏航模型、均方根信息滤波原理与实现。书中针对定轨中的主要模块详细地阐述了其原理,并给出了相应的程序与实现方法;最后对书中每个模块给出了相应的实例说明算法的正确性。

(3) 针对 GNSS 分析中心对产品精度和时效性的要求,同时考虑到全球跟踪站分布极不均匀的现状,提出了一种基于观测方程 GDOP 值的优化选站 SSS 模型。通过对比轨道精度和时效性可以看出,最优测站定轨精度与所有测站定轨精度相当(90%);最优测站处理所需时间约为所有测站处理时间的50%。同时通过任意选取与最优测站数目相同的测站数进行定轨实验,发现任意选站的定轨精度只有最优测站定轨精度的40%左右。另外,通过对比超快速和快速产品的一般策略,结果表明 SSS 模型所选出的最优测站分布与一般策略计算出的卫星轨道精度相当,计算时间节约 20%左右,这有助于分析中心适当推迟产品计算时间而增加可选择的测站数据。所以,针对全球跟踪站分布不均匀的现状和对定轨精度、时效性的要求,在现有的数据处理能力的基础上,利用 SSS 模型进行优化选站对 GNSS 分析中心数据处理具有重要意义。

(4)针对分析中心超快速轨道预报部分,由于无法实时准确获取地球自转参数,一般采用分辨率为一天的 ERP 预报值进行超快速轨道预报。IERS 公布的 ERP 预报值不可避免存在误差,势必影响超快速轨道精度。本书从预报 ERP 精度及对应的轨道精度、轨道积分过程和坐标转换过程三个角度分析 ERP 预报误差对超快速轨道预报的影响;其次,提出一种轨道实时修正算法,可以实时修正由于 ERP 误差而导致的超快速轨道误差的方法;最后,将针对不同的卫星系统,通过大量实验数据分析 ERP 预报误差对超快速轨道预报的影响及其修正效果。主要结论如下:

① 详细分析了目前预报 ERP 精度。目前 ERP 误差在极移方向超过 0.2 mas,在 UT1-UTC 方向超过 0.12 ms,这必将导致卫星轨道误差。所以,对于实时用户而言超快速轨道预报实时修正必须要考虑。同时,为了简化分析,对 ERP 误差线性变化进行了验证;当增加 ERP 分辨率时,线性关系降低,变化趋势缓慢,这意味着 ERP 可短时间用线性函数描述。

② 研究了 ERP 对轨道预报影响的机理。通过实验发现,积分过程可以忽略,而坐标转换过程是主要影响轨道精度的过程。通过推导发现,由于 ERP 误差的影响,轨道 3 个方向误差是振幅随时间逐渐增大的周期函数。如果 ERP 可以实时准确获取,那么相应的高精度预报轨道同样可以实时获得。

③ 提出一种实时轨道修正方法。这种方法同时考虑了 ERP 分辨率以及预报模型以优化轨道预报。从实验结果可以看出,这种方法可以减少由于 ERP 误差引起的轨道误差 50%左右。由于外推轨道精度限制,ERP 误差始终无法避免。

(5)基于分析中心新卫星定轨任务需求,着手研究了新卫星定轨相关策略。首先,从数据预处理角度分析了 iGMAS 跟踪站数据质量。实验发现 iGMAS 跟踪站数据具有很好的连续性,但跟踪站数据的有效率不高,且 GPS 数据质量存在周跳比异常的现象；其次，就定轨过程设计了两种定轨策略：策略一采用"一步法"定轨，固定 MGEX 跟踪站相关参数进行融合定轨，这种方法依靠 MGEX 跟踪站数据提高 iGMAS 跟踪站相关参数；策略二采用"两步法"，即通过 PPP 方法先固定 iGMAS 跟踪站相关参数，在此基础上利用 iGMAS 跟踪站数据进行新卫星轨道钟差确定，这种方法有效提高了 iGMAS 跟踪站的数据使用率，间接地提高了定轨过程的参数解算精度。从实验结果看，"两步法"计算卫星轨道优于"一步法"，但外符合精度有所降低，具体原因可能与对比的星历本身精度有关。但是，两种策略确定的轨道钟差精度仍然无法达到常规定轨的精度，需要进一步优化定轨模型等以精化新卫星轨道精度。

8.2 展望

本书对 GNSS 精密轨道确定过程中的三个问题进行了研究，提出了提高数据解算效率的优化选站模型；研究了 ERP 对超快速轨道预报的影响及其修正方法；探讨了不同的定轨策略对新卫星轨道确定的影响。通过实验发现，提出的问题一定程度上得到了解决，但是随着 iGMAS 不断的发展就整个 GNSS 轨道确定过程来看，仍有问题需要进一步研究：

（1）本书并没有具体研究定轨模型，而定轨模型对于 GNSS（尤其 BDS）精度起决定性作用。对于 BDS 新卫星、新信号以及新的空间链路，有必要针对 BDS 定轨模型进行进一步研究。类似于 Parkinson 教授论述的 GNSS 未来发展，面对未来的 PNT 服务，会进一步在"精度、可用性、系统兼容性和抗干扰"方面进行拓展；随着新信号和新卫星系统发展，未来卫星导航将更容易实现；扩展卫星导航应用需要更高的精度、可靠性。所以，为了提高未来 PNT 服务质量，有必要对轨道模型进行进一步的研究。

（2）Reid 指出了由于 GPS 导航的依赖性、易干扰和昂贵等特点，综合利用低轨卫星进行导航可以获得可靠性更高、价格更低、星座更全和抗干扰更强的导航性能。对于低轨卫星轨道的研究是有必要开展的；不同于导航卫星，低轨卫星数目更多，运行速度更快，对于低轨卫星的定轨应融合多源观测数据须进行模型精化。本书下一步工作将重点研究对于导航卫星、低轨卫星利用多源数据混合定轨问题。

参 考 文 献

陈金平,胡小工,唐成盼,等,2016.北斗新一代试验卫星星钟及轨道精度初步分析[J].中国科学:物理学 力学 天文学,46(11):85-95.

陈俊平,张益泽,谢益炳,等,2014.超大观测网络及多 GNSS 系统的快速数据处理[J].武汉大学学报·信息科学版,39(3):253-257.

陈良,耿长江,周泉,2016.北斗/GPS 实时精密卫星钟差融合解算模型及精度分析[J].测绘学报,45(9):1028-1034.

陈康慷,徐天河,杨玉国,等,2016.iGMAS GNSS 钟差产品综合与评估[J].测绘学报,45(S2):46-53.

陈宪冬,2011.Ambizap 方法在大规模 GPS 网处理中的应用及结果分析[J].武汉大学学报·信息科学版,36(1):10-13.

崔阳,吕志平,张友阳,等,2015.一种 GNSS 大网数据快速高效处理策略[J].大地测量与地球动力学,35(3):383-386.

戴小蕾,2016.基于平方根信息滤波的 GNSS 导航卫星实时精密定轨理论与方法[D].武汉:武汉大学.

杜兰,2006.GEO 卫星精密定轨技术研究[D].郑州:解放军信息工程大学.

冯来平,2017.低轨卫星与星间链路增强的导航卫星精密定轨研究[D].郑州:解放军信息工程大学.

郭靖,2014.姿态、光压和函数模型对导航卫星精密定轨影响的研究[D].武汉:武汉大学.

葛茂荣,1995.GPS 卫星精密定轨理论及软件研究[D].武汉:武汉测绘科技大学.

郭睿,陈金平,朱陵凤,等,2017.北斗卫星超短弧运动学定轨方法优化与试验分析[J].测绘学报,46(4):411-420.

郭睿,胡小工,刘利,等,2010.转发式测距和直发式伪距的 GEO 卫星联合定轨[J].中国科学:物理学 力学 天文学,40(8):1054-1062.

郭海荣,2006.导航卫星原子钟时频特性分析理论与方法研究[D].郑州:解放军信息工程大学.

耿涛,2009.基于区域基准站的导航卫星实时精密定轨理论方法与试验应用[D].武汉:武汉大学.

谷守周,施闯,党亚民,等,2016.顾及轨道误差 BDS/GPS 实时钟差融合估计的观测权函数设计[J].测绘学报,45(S2):39-45.

黄观文,余航,郭海荣,等,2017.北斗在轨卫星钟中长期钟差特性分析[J].武汉大学学报·信息科学版,42(7):982-988.

黄超,宋淑丽,陈钦明,等,2019.基于 iGMAS 的北斗三号组网星数据初步分析[J].天文学报,60(2):52-63.

胡超,王中元,王潜心,等,2021.一种改进的 BDS-2/BDS-3 联合精密定轨系统偏差处理模型[J].武汉大学学报·信息科学版,46(3):360-370.

胡超,王潜心,毛亚,2020.一种基于 DOP 值的 GNSS 超快速观测轨道精化模型[J].武汉大学学报·信息科学版,45(1):28-37.

胡超,2020.BDS-2/BDS-3 卫星观测数据联合处理关键技术研究[D].徐州:中国矿业大学.

何丽娜,2013.多系统 GNSS 卫星精密轨道确定的研究[D].上海:同济大学.

何妙福,1983.海潮对 STARLETTE 卫星轨道的摄动[J].天文学报,24(4):332-341.

何义磊,2019.多 GNSS 间系统偏差建模与预报方法研究[D].徐州:中国矿业大学.

焦文海,刘莹,2014.国际 GNSS 监测评估系统(iGMAS)及其新进展[C].北京:中国大地测量和地球物理学学术大会.

李征航,龚晓颖,刘万科,等,2011.导航卫星自主定轨中地球自转参数误差的修正[C]//第二届中国卫星导航学术年会论文集.上海,[s. n.]:284-289.

李征航,黄劲松,2016.GPS 测量与数据处理[M].3 版.武汉:武汉大学出版社.

李志刚,杨旭海,施浒立,等,2008.转发器式卫星轨道测定新方法[J].中国科学:物理学力学天文学,(12):1711-1722.

李敏,2011.多模 GNSS 融合精密定轨理论及其应用研究[D].武汉:武汉大学.

楼益栋,2008.导航卫星实时精密轨道与钟差确定[D].武汉:武汉大学.

楼益栋,姚秀光,刘杨,等,2016.模糊度固定与弧段长度对区域站定轨的影响分析[J].武汉大学学报·信息科学版,41(2):249-254.

刘伟平,2014.北斗卫星导航系统精密轨道确定方法研究[D].郑州:解放军信息工程大学.

刘扬,2016.多系统 GNSS 实时精密定位服务关键问题研究[D].武汉:武汉大学.

刘林,刘迎春,1994.地球同步卫星定轨中的两个问题[J].飞行器测控学报,(4):1-5.

柳文明,李峥嵘,刘文祥,等,2009.EOP 预报误差对导航卫星轨道预报的影响分析[J].全球定位系统,34(6):17-22.

柳景斌,吴秀娟,蔡艳辉,等,2003.伽利略系统地面布站仿真系统[C].深圳:中国全球定位系统技术应用协会第七次年会论文集.

刘伟,2005.监测站的分布对定轨精度影响的研究[D].武汉:武汉大学.

罗志才,钟波,宁津生,等,2009.GOCE 卫星轨道摄动的数值模拟与分析[J].武汉大学学报·信息科学版,34(7):757-760.

毛亚,2019.北斗卫星钟差估计与预报关键技术研究[D].徐州:中国矿业大学.

欧吉坤,刘吉华,孙保琪,等,2007.镜面投影法确定地球同步卫星精密轨道[J].武汉大学学报·信息科学版,32(11):975-979.

彭小强,2016.基于 DOP 值的定轨测站优选方法研究[D].徐州:中国矿业大学.

施闯,赵齐乐,李敏,等,2012.北斗卫星导航系统的精密定轨与定位研究[J].中国科学:地球科学,42(6):854-861.

施闯,邹蓉,姚宜斌,等,2008.基于 SINEX 解的数据组合及系统误差分析[J].武汉大学学报·信息科学版,33(6):608-611.

阮仁桂,冯来平,贾小林,2014.导航卫星星地/星间链路联合定轨中设备时延估计方法[J].测绘学报,43(2):137-142.

谭述森,2017.北斗系统创新发展与前景预测[J].测绘学报,46(10):1284-1289.

吴飞,2019.几种改进的地球自转参数预报方法[D].徐州:中国矿业大学.

王解先,1997.GPS 精密定轨定位[M].上海:同济大学出版社.

王彬,2016.BDS 在轨卫星钟特征分析、建模及预报研究[D].武汉:武汉大学.

王宇谱,2017.GNSS 星载原子钟性能分析与卫星钟差建模预报研究[D].郑州:解放军信息工程大学.

王正涛,靳祥升,党亚民,等,2009.低轨卫星精密定轨的初轨向量与力模型参数数值积分误差分析[J].武汉大学学报·信息科学版,34(6):728-731.

文援兰,柳其许,朱俊,等,2007.测控站布局对区域卫星导航系统的影响[J].国防科技大学学报,29(1):1-6.

薛树强,杨元喜,陈武,等,2014.正交三角函数导出的最小 GDOP 定位构型解集[J].武汉大学学报·信息科学版,39(7):820-825.

杨元喜,许扬胤,李金龙等,2018.北斗三号系统进展及性能预测-试验验证数据分析[J].中国科学,48(5):584-594.

杨元喜,陆明泉,韩春好,2016.GNSS 互操作若干问题[J].测绘学报,45(3):253-259.

杨元喜,文援兰,2003.卫星精密轨道综合自适应抗差滤波技术[J].中国科学(D辑:地球科学),2003(11):1112-1119.

杨元喜,2010.北斗卫星导航系统的进展、贡献与挑战[J].测绘学报,39(1):1-6.

杨宇飞,杨元喜,胡小工等,2019.北斗三号卫星两种定轨模式精度比较分析[J].测绘学报,48(07):831-839.

杨旭海,李志刚,冯初刚,等,2008.GEO 卫星机动后的星历快速恢复方法[J].中国科学(G 辑:物理学 力学 天文学),38(12):1759-1765.

张卫星,刘万科,龚晓颖,2011.EOP 预报误差对自主定轨结果影响分析[J].大地测量与地球动力学,31(5):106-110.

张小红,马福建,2019.低轨导航增强 GNSS 发展综述[J].测绘学报,48(9):1073-1087.

张柯柯,2019.低轨卫星精密定轨及其与 GNSS 导航卫星联合轨道确定[D].武汉:武汉大学.

周善石,2011.基于区域监测网的卫星导航系统精密定轨方法研究[D].北京:中国科学院大学.

赵齐乐,2004.GPS 导航星座及低轨卫星的精密定轨理论和软件研究[D].武汉:武汉大学.

赵齐乐,许小龙,马宏阳,等,2018.GNSS 实时精密轨道快速计算方法及服务[J].武汉大学学报·信息科学版,43(12):2157-2166.

ABD RABBOU M,EL-RABBANY A,2017. Performance analysis of precise point positioning using multi-constellation GNSS:GPS,GLONASS,Galileo and BeiDou[J]. Survey Review,49(352):39-50.

AFIFI A,EL-RABBANY A,2016. Precise point positioning using triple GNSS constellations in various modes[J]. Sensors,16(6):779.

ALLAN D W,1987. Time and frequency (time-domain) characterization,estimation,and prediction of precision clocks and oscillators[J]. IEEE Transactions on Ultrasonics,Ferroelectrics,and Frequency Control,34(6):647-654.

AKULENKO L D,KUMAKSHEV S A,MARKOV Y G,et al. ,2002. A Model for the polar motion of the deformable Earth adequate for astrometric data [J]. Astronomy Reports,46(1):74-82.

BEUTLER G,BROCKMANN E,GURTNER W,et al. ,1994. Extended orbit modeling techniques at the CODE processing center of the international GPS service for geodynamics (IGS): theory and initial results[J]. Manuscripta Geodatica,19:367-386.

BEUTLER G,JÄGGI A,HUGENTOBLER U,et al. ,2006. Efficient satellite orbit modelling using pseudo-stochastic parameters[J]. Journal of Geodesy, 80(7):353-372.

CUI H Z,TANG G S,HU S J,et al. ,2014. Multi-GNSS processing combining GPS, GLONASS, BDS and GALILEO observations[C]//China Satellite Navigation Conference(CSNC) 2014 Proceedings.

COLOMBO O L,1989. The dynamics of global positioning system orbits and the determination of precise ephemerides[J]. Journal of Geophysical Research:Solid Earth,94(B7):9167-9182.

CHOI K K,RAY J,GRIFFITHS J,et al. ,2013. Evaluation of GPS orbit prediction strategies for the IGS Ultra-rapid products[J]. GPS Solutions,17 (3):403-412.

CHEN H,JIANG W P,GE M R,et al. ,2014. An enhanced strategy for GNSS data processing of massive networks[J]. Journal of Geodesy,88(9): 857-867.

CHEN J P,ZHANG Y Z,XIE Y B,et al. ,2013. Improving efficiency of data analysis for huge GNSS network[C]//China Satellite Navigation Conference (CSNC) 2013 Proceedings.

CHEN J P,ZHANG Y Z,WANG J G,et al. ,2015. A simplified and unified model of multi-GNSS precise point positioning[J]. Advances in Space Research,55(1):125-134.

CHEN J P,WANG J G,ZHANG Y Z,et al.,2016. Modeling and assessment of GPS/BDS combined precise point positioning[J]. Sensors,16(7):1151.

CHEN X M,LANDAU H,ZHANG F P,et al.,2013. Towards a precise multi-GNSS positioning system enhanced for the Asia-Pacific region[C]//China Satellite Navigation Conference (CSNC) 2013 Proceedings,245:277-290.

CANNON M E,SCHWARZ K P,WEI M,et al.,1992. A consistency test of airborne GPS using multiple monitor stations[J]. Bulletin Géodésique,66(1):2-11.

DAUBECHIES I,DEVORE R,FORNASIER M,et al.,2010. Iteratively Reweighted Least Squares minimization:Proof of faster than linear rate for sparse recovery[J]. Communications on Pure and Applied Mathematics,63(1):1-38.

DAVIS J,BHATTARAI S,ZIEBART M,2012. Development of a Kalman filter based GPS satellite clock time-offset prediction algorithm[C]// 2012 European Frequency and Time Forum,April 23-27,2012,Gothenburg,Sweden:152-156.

DAI X L,LOU Y D,DAI Z Q,et al.,2019. Precise orbit determination for GNSS maneuvering satellite with the constraint of a predicted clock[J]. Remote Sensing,11(16):1949.

DAI X L,GE M R,LOU Y D,et al.,2015. Estimating the yaw-attitude of BDS IGSO and MEO satellites[J]. Journal of Geodesy,89(10):1005-1018.

DAI X L,LOU Y D,DAI Z Q,et al.,2019. Real-time precise orbit determination for BDS satellites using the square root information filter[J]. GPS Solutions,23(2):1-14.

DBWSS,China Satellite Navigation Project Center,2018. Development of the BeiDou Navigation Satellite Systen[R]. Beijing:CSNPC.

DVORKIN V V,KARUTIN S N,2013. Optimization of the global network of tracking stations to provide GLONASS users with precision navigation and timing service[J]. Gyroscopy and Navigation,4(4):181-187.

D′AMARIO L A,BRIGHT L E,WOLF A A,1992. Galileo trajectory design [J]. Space Science Reviews,1992,60(1/2/3/4):23-78.

DICK W R,RICHTER B,2004. The international earth rotation and reference systems service (IERS)[M]. Dordrecht:Springer Netherlands.

EL-MOWAFY A,DEO M,KUBO N,2017. Maintaining real-time precise point positioning during outages of orbit and clock corrections[J]. GPS Solutions, 21(3):937-947.

FLIEGEL H F,GALLINI T E,SWIFT E R,1992. Global positioning system radiation force model for geodetic applications[J]. Journal of Geophysical Research:Solid Earth,97(B1):559-568.

GUO J,ZHAO Q L,GENG T,et al. ,2013. Precise orbit determination for COMPASS IGSO satellites during yaw maneuvers[C]. Wuhan:China Satellite Navigation Conference (CSNC) 2013 Proceedings,245:41-53.

GUO J,XU X L,ZHAO Q L,et al. ,2016. Precise orbit determination for quad-constellation satellites at Wuhan University:strategy,result validation,and comparison[J]. Journal of Geodesy,90(2):143-159.

GUO R,HU X G,TANG B,et al. ,2010. Precise orbit determination for geostationary satellites with multiple tracking techniques[J]. Chinese Science Bulletin,55(8):687-692.

GE M,GENDT G,DICK G,et al. ,2006. A new data processing strategy for huge GNSS global networks[J]. Journal of Geodesy,80(4):199-203.

GE M,GENDT G,ROTHACHER M,et al. ,2008. Resolution of GPS carrier-phase ambiguities in Precise Point Positioning (PPP) with daily observations[J]. Journal of Geodesy,82(7):389-399.

GE M,GENDT G,DICK G,et al. ,2005. Improving carrier-phase ambiguity resolution in global GPS network solutions[J]. Journal of Geodesy,79(1/2/3):103-110.

GE M,ZHANG H,JIA X,et al. ,2012. What is achievable with the current compass constellation? [J]. GPS World,23(11):29-35.

GE H B,LI B F,GE M R,et al. ,2017. Improving BeiDou precise orbit determination using observations of onboard MEO satellite receivers[J]. Journal of Geodesy,91(12):1447-1460.

GRELIER T,DANTEPAL J,DELATOUR A,et al. ,2007. Initial observations and analysis of Compass MEO satellite signal[J]. Inside GNSS,2(4):39-43.

GRYNYSHYNA-POLIUGA O, 2019. Characteristic of modelling spatial processes using geostatistical analysis[J]. Advances in Space Research,64 (2):415-426.

GROVES V G,1960. Motion of a satellite in the earth's gravitational field[J]. Proceedings of the Royal Society of London Series A Mathematical and Physical Sciences,254(1276):48-65.

HADAS T,BOSY J,2015. IGS RTS precise orbits and clocks verification and quality degradation over time[J]. GPS Solutions,19(1):93-105.

HAUSCHILD A,MONTENBRUCK O,SLEEWAEGEN J M,et al.,2012. Characterization of Compass M-1 signals[J]. GPS Solutions,16(1):117-126.

HAUSCHILD A,MONTENBRUCK O,STEIGENBERGER P,2013. Short-term analysis of GNSS clocks[J]. GPS Solutions,17(3):295-307.

HASTIE T,TIBSHIRANI R,WAINWRIGHT M,2015. Statistical learning with sparsity: The Lasso and Generalizations[M]. Boca Raton: CRC press.

HUANG G W,CUI B B,ZHANG Q,et al.,2018. An improved predicted model for BDS ultra-rapid satellite clock offsets[J]. Remote Sensing,10(2):60.

HUANG G W,CUI B B,XU Y,et al.,2019. Characteristics and performance evaluation of Galileo on-orbit satellites atomic clocks during 2014-2017[J]. Advances in Space Research,63(9):2899-2911.

HUANG G W,ZHANG Q,XU G C,2014. Real-time clock offset prediction with an improved model[J]. GPS Solutions,18(1):95-104.

HUANG Y,HU X G,ZHANG X Z,et al.,2011. Improvement of orbit determination for geostationary satellites with VLBI tracking[J]. Chinese Science Bulletin,56(26):2765-2772.

HU C,WANG Q X,MIN Y H,et al.,2019. An improved model for BDS satellite ultra-rapid clock offset prediction based on BDS-2 and BDS-3 combined estimation[J]. Acta Geodaetica et Geophysica,54(4):513-543.

HU C,WANG Q X,WANG Z Y,et al.,2018. New-generation BeiDou (BDS-3) experimental satellite precise orbit determination with an improved cycle-slip detection and repair algorithm[J]. Sensors,18(5):1402.

HU C,WANG Z Y,2020. Improved strategies for BeiDou ultrarapid satellites' clock bias prediction using BDS-2 and BDS-3 integrated processing[J]. Mathematical Problems in Engineering,(11):1-16.

HE L N,GE M R,WANG J X,et al.,2013. Experimental study on the precise orbit determination of the BeiDou navigation satellite system[J]. Sensors,13 (3):2911-2928.

HE Y L,WANG Q X,WANG Z W,et al.,2018. Quality analysis of observation data of BeiDou-3 experimental satellites[C]. China Satellite Navigation Conference (CSNC) 2018 Proceedings,498:275-294.

JIANG N,XU Y,XU T H,et al.,2017. GPS/BDS short-term ISB modelling and prediction[J]. GPS Solutions,21(1):163-175.

KOUBA J,2019. Relativity effects of Galileo passive hydrogen maser satellite clocks[J]. GPS Solutions,23(4):1-11.

KOUBA J,2002. Sub-daily earth rotation parameters and the international GPS service orbit/clock solution products[J]. Studia Geophysica et Geodaetica,46 (1):9-25.

KALARUS M,SCHUH H,KOSEK W,et al.,2010. Achievements of the Earth orientation parameters prediction comparison campaign[J]. Journal of Geodesy,84(10):587-596.

KOSEK W,KALARUS M,NIEDZIELSKI T,2007. Forecasting of the Earth orientation parameters - comparison of different algorithms[J]. Journées Systèmes de Référence Spatio-temporels:155-158.

KOSAKA M,1987. Evaluation method of polynomial models' prediction performance for random clock error[J]. Journal of Guidance,Control,and Dynamics,10(6):523-527.

LOU Y D,LIU Y,SHI C,et al.,2014. Precise orbit determination of BeiDou constellation based on BETS and MGEX network[J]. Scientific Reports, 4:4692.

LIU J H,JU B,GU D F,et al.,2014. BDS precise orbit determination with iGMAS and MGEX observations by double-difference method[C]//China Satellite Navigation Conference (CSNC) 2014 Proceedings:229-239.

LIU X X,JIANG W P,CHEN H,et al. 2019. An analysis of inter-system biases in BDS/GPS precise point positioning[J]. GPS Solutions,23(4):1-14.

LIU T,YUAN Y B,ZHANG B C,et al.,2017. Multi-GNSS precise point positioning (MGPPP) using raw observations[J]. Journal of Geodesy,91(3):

253-268.

LI X X,ZHANG K K,ZHANG Q,et al.,2018. Integrated orbit determination of FengYun-3C, BDS, and GPS satellites[J]. Journal of Geophysical Research:Solid Earth,123(9):8143-8160.

LI X X,GE M R,DAI X L,et al.,2015. Accuracy and reliability of multi-GNSS real-time precise positioning:GPS, GLONASS, BeiDou, and Galileo[J]. Journal of Geodesy,89(6):607-635.

LI X X,XIE W L,HUANG J X,et al.,2019. Estimation and analysis of differential code biases for BDS3/BDS2 using iGMAS and MGEX observations[J]. Journal of Geodesy,93(3):419-435.

LI X X,LI X,YUAN Y Q,et al.,2018. Multi-GNSS phase delay estimation and PPP ambiguity resolution:GPS,BDS,GLONASS,Galileo[J]. Journal of Geodesy,92(6):579-608.

LI Y H,GAO Y,LI B F,2015. An impact analysis of arc length on orbit prediction and clock estimation for PPP ambiguity resolution[J]. GPS Solutions,19(2):201-213.

LICHTEN S,WU S,YOUNG L,1997. New techniques for orbit determination of geosynehronous transfer,and other high-altitude Earth orbiters[J]. AAS,676:1-18.

LUBA O,BOYD L,GOWER A,et al.,2005. GPS III system operations concepts[J]. IEEE Aerospace and Electronic Systems Magazine,20(1):10-18.

LUTZ S,BEUTLER G,SCHAER S,et al.,2016. CODE's new ultra-rapid orbit and ERP products for the IGS[J]. GPS Solutions,20(2):239-250.

MCCARTHY D D,LUZUM B J,1991. Prediction of Earth orientation[J]. Bulletin Géodésique,65(1):18-21.

MORABITO D D,EUBANKS T M,STEPPE J A,1988. Kalman filtering of Earth orientation changes[J]. Symposium - International Astronomical Union,128:257-267.

MONTENBRUCK O,STEIGENBERGER P,HUGENTOBLER U,2014. Enhanced solar radiation pressure modeling for Galileo satellites[J]. Journal of Geodesy,89(3):283-297.

MONTENBRUCK O,STEIGENBERGER P,HAUSCHILD A,2015. Broadcast versus precise ephemerides: a multi-GNSS perspective[J]. GPS Solutions,19(2):321-333.

MONTENBRUCK O,EBERHARD O,2012. Satellite Orbits: Models,Methods,Applications[M]. Berlin:Springer Verlag.

MONTENBRUCK O, HAUSCHILD A, STEIGENBERGER P, et al. ,2013. Initial assessment of the COMPASS/BeiDou-2 regional navigation satellite system[J]. GPS Solutions,17(2):211-222.

MAO Y,WANG Q X,HU C,et al. ,2019. New clock offset prediction method for BeiDou satellites based on inter-satellite correlation[J]. Acta Geodaetica et Geophysica,54(1):35-54.

NADARAJAH N,TEUNISSEN P J,RAZIQ N. 2013. BeiDou inter-satellite-type bias evaluation and calibration for mixed receiver attitude determination [J]. Sensors (Basel,Switzerland),13(7):9435-9463.

PENG Y Q,LOU Y D,GONG X P,et al. ,2019. Real-time clock prediction of multi-GNSS satellites and its application in precise point positioning[J]. Advances in Space Research,64(7):1445-1454.

PAVLIS N K,HOLMES S A,KENYON S C,et al. ,2012. The development and evaluation of the Earth Gravitational Model 2008 (EGM2008)[J]. Journal of Geophysical Research:Solid Earth,117(5):2633-2633.

QING Y,LOU Y D,DAI X L,et al. ,2017. Benefits of satellite clock modeling in BDS and Galileo orbit determination[J]. Advances in Space Research,60 (12):2550-2560.

REN X,YANG Y X,ZHU J,et al. ,2017. Orbit determination of the Next-Generation Beidou satellites with Intersatellite link measurements and a priori orbit constraints[J]. Advances in Space Research,60(10):2155-2165.

RODRIGUEZ-SOLANO C J, HUGENTOBLER U, STEIGENBERGER P, et al. ,2012. Impact of Earth radiation pressure on GPS position estimates[J]. Journal of Geodesy,86(5):309-317.

SPRINGER T A,BEUTLER G,ROTHACHER M,1999. A new solar radiation pressure model for GPS satellites[J]. GPS Solutions,2(3):50-62.

STEIGENBERGER P, HUGENTOBLER U, HAUSCHILD A, et al. ,2013. Orbit and clock analysis of Compass GEO and IGSO satellites[J]. Journal of

Geodesy,87(6):515-525.

STEIGENBERGER P,HUGENTOBLER U,LOYER S,et al.,2015. Galileo orbit and clock quality of the IGS Multi-GNSS Experiment[J]. Advances in Space Research,55(1):269-281.

STACEY P,ZIEBART M,2011. Long-term extended ephemeris prediction for mobile devices[C]//Proceedings of International Technical Meeting of the Satellite Division of the Institute of Navigation:3235-3244.

STAMATAKOS N,LUZUM B,WOODEN W,et al.,2009. Recent improvements in IERS rapid service/prediction center products[R]. Defense Technical Information Center.

SHI C,ZHAO Q L,LI M,et al.,2012. Precise orbit determination of Beidou Satellites with precise positioning[J]. Science China Earth Sciences,55(7):1079-1086.

SHI C,GUO S W,GU S F,et al.,2019. Multi-GNSS satellite clock estimation constrained with oscillator noise model in the existence of data discontinuity [J]. Journal of Geodesy,93(4):515-528.

SENIOR K L,COLEMAN M J,2017. The next generation GPS time[J]. NAVIGATION,64(4):411-426.

SENIOR K L,RAY J R,BEARD R L,2008. Characterization of periodic variations in the GPS satellite clocks[J]. GPS Solutions,12(3):211-225.

TEUNISSEN P J G,MONTENBRUCK O,2017. Springer handbook of global navigation satellite systems[M]. Cham:Springer International Publishing.

TEUNISSEN P J G,JOOSTEN P,ODIJK D,1999. The reliability of GPS ambiguity resolution[J]. GPS Solutions,2(3):63-69.

TAN B,YUAN Y,ZHANG B,et al.,2016. A new analytical solar radiation pressure model for current BeiDou satellites:IGGBSPM[J]. Scientific Reports,6:32967.

TEGEDOR J,JONG K,LIU X L,et al.,2016. Real-time precise point positioning using BeiDou[C]//IAG 150 Years,143:665-671.

TIBSHIRANI R,1996. Regression shrinkage and selection via the lasso[J]. Journal of the Royal Statistical Society:Series B (Methodological),58(1):267-288.

VANNICOLA F,BEARD R,WHITE J,et al.,2010. GPS block IIF rubidium frequency standard life test[C]//Proceedings of the 23rd international technical meeting of the satellite division of the Institute-of-Navigation:812-819.

WANG Q X,HU C,ZHANG K F,2019. A BDS-2/BDS-3 integrated method for ultra-rapid orbit determination with the aid of precise satellite clock offsets[J]. Remote Sensing,11(15):1758.

WANG Q X,ZHANG K F,WU S Q,et al.,2019. A method for identification of optimal minimum number of multi-GNSS tracking stations for ultra-rapid orbit and ERP determination[J]. Advances in Space Research,63(9):2877-2888.

WANG Q X,HU C,XU T H,et al.,2017. Impacts of Earth rotation parameters on GNSS ultra-rapid orbit prediction:Derivation and real-time correction[J]. Advances in Space Research,60(12):2855-2870.

WANG Q X,DANG Y M,XU T H,2013. The method of earth rotation parameter determination using GNSS observations and precision analysis[C]//The 4th China Satellite Navigation Conference:247-256.

WANG C,GUO J,ZHAO Q L,et al.,2018. Yaw attitude modeling for BeiDou I06 and BeiDou-3 satellites[J]. GPS Solutions,22(4):1-10.

WANG N B,YUAN Y B,LI Z S,et al.,2016. Determination of differential code biases with multi-GNSS observations[J]. Journal of Geodesy,90(3):209-228.

WANG Y P,LU Z P,QU Y Y,et al.,2017. Improving prediction performance of GPS satellite clock bias based on wavelet neural network[J]. GPS Solutions,21(2):523-534.

WU F,CHANG G B,DENG K Z,2021. One-step method for predicting LOD parameters based on LS+AR model[J]. Spatial Science,66(2):317-328.

XIAO W,LIU W X,SUN G F,2016. Modernization milestone:BeiDou M2-S initial signal analysis[J]. GPS Solutions,20(1):125-133.

XU G,XU J. Orbit[M]. Berlin:Springer,2013:34-64.

XIE X,GENG T,ZHAO Q L,et al.,2017. Performance of BDS-3:measurement quality analysis,precise orbit and clock determination[J]. Sensors,17(6):1233.

YANG Y F,YANG Y X,HU X G,et al.,2020. Inter-satellite link enhanced orbit determination for BeiDou-3[J]. Journal of Navigation,73(1):115-130.

YANG D N,YANG J,LI G,et al.,2017. Globalization highlight:orbit determination using BeiDou inter-satellite ranging measurements[J]. GPS Solutions,21(3):1395-1404.

YANG Y X,LI J L,XU J Y,et al.,2011. Contribution of the Compass satellite navigation system to global PNT users[J]. Chinese Science Bulletin,56(26): 2813-2819.

YE X S,GUO H,YANG J,et al.,2015. Analysis of BeiDou satellite orbit prediction based on ERP prediction errors impact[C]// China Satellite Navigation Conference (CSNC) 2015 Proceedings:77-83.

ZHANG X H,WU M K,LIU W K,et al.,2017. Initial assessment of the COMPASS/BeiDou-3:new-generation navigation signals[J]. Journal of Geodesy,91(10):1225-1240.

ZHANG R,TU R,LIU J H,et al.,2018. Impact of BDS-3 experimental satellites to BDS-2:Service area,precise products,precise positioning[J]. Advances in Space Research,62(4):829-844.

ZIEBART M,DARE P,2001. Analytical solar radiation pressure modelling for GLONASS using a pixel array[J]. Journal of Geodesy,75(11):587-599.

ZHU J,WANG J S,ZENG G,et al.,2013. Precise orbit determination of BeiDou regional navigation satellite system via double-difference observations [C]//China Satellite Navigation Conference (CSNC) 2013 Proceedings: 77-88.

ZENG A M,YANG Y X,MING F,et al.,2017. BDS-GPS inter-system bias of code observation and its preliminary analysis[J]. GPS Solutions, 21(4): 1573-1581.

ZHAO Q L,WANG C,GUO J,et al.,2017. Enhanced orbit determination for BeiDou satellites with FengYun-3C onboard GNSS data[J]. GPS Solutions, 21(3):1179-1190.

ZHAO Q L,WANG C,GUO J,et al.,2017. Precise orbit and clock determination for BeiDou-3 experimental satellites with yaw attitude analysis[J]. GPS Solutions,22(1):1-13.

ZHAO Q L,GUO J,LI M,et al. ,2013. Initial results of precise orbit and clock determination for COMPASS navigation satellite system[J]. Journal of Geodesy,87(5):475-486.

ZHANG L P,DANG Y M,XUE S Q,et al. ,2015. The optimal distribution strategy of BeiDou monitoring stations for GEO precise orbit determination [C]//China Satellite Navigation Conference (CSNC) 2015 Proceedings:153-161.